First Stage シリーズ

水理学概論

岡二三生・白土博通・細田　尚〔監修〕
垣谷敦美・神谷政人・川窪秀樹・竹内一生・田中良典・中野　毅
西田秀行・橋本基宏・福山和夫・桝見　謙・森本浩行・山本竜哉〔編修〕

実教出版

目次

第3章　水の流れ

第4章　管水路

（本書は，高等学校用教科書を底本として制作したものです。）

水理学の基礎

「水理学の基礎」を学ぶにあたって

建設工事のなかには，河川・海岸・港湾・水力発電・上下水道・かんがいなどの，水に関連した工事がきわめて多い。このような工事の計画・設計・施工にあたっては，水の基本的性質，水の流れの状態，水が流れるときにほかの物体に及ぼす影響などがわかっていなければならない。このように，水に関連した工学を**水工学**(hydraulic engineering)，水の運動を力学的に取り扱う学問を**水理学**(hydraulics)という。

1 水理学の歴史

人間の生活は，水と密接な関係をもっているから，水工学や水理学の歴史も，人間の歴史とともにはじまったということがいえる。中国の治水事業，エジプトのかんがい事業，図1のようなローマの水道事業などは，いずれも水理学のはじまりをなすものである。したがって，水理学とは，長い年月にわたって，実際的な経験に基づく知識を集めた実用的な学問である。

南フランスにあり，ローマ文化(紀元前1世紀末)の影響を受けてつくられた水道橋。

図1 ガールの水道橋

一方，日本では水田稲作がわが国に伝播した縄文時代の末期から，原始的なかんがいがはじまり，古墳時代には大陸からの土木技術の伝来により，堤防工事やかんがい工事が行われていた。戦国時代から江戸時代初期にかけて，築城や鉱山技術の進歩により伝統的土木技術が完成し，1590年(天正18年)には，わが国最初の上水道(小石川上水，後に拡張し図2に示す神田上水となる)が完成した。

図2 神田上水

17世紀以降，ニュートンの運動法則の発見をはじめ，数学の進歩をふまえて近代力学が発達したため，水や空気などの流体に共通な基本的性質をもとにして，理論的な取り扱いをする**流体力学**(fluid mechanics)が生まれた。現代の水理学は，この進歩した流体力学の成果を応用して，理論的な解析を行い，実際との適合は実験によって検証している。

わが国の上水道の歴史

わが国最初の上水道は，1590 年（天正 18 年）に現在の東京都三鷹市にある井の頭池を水源として江戸市街に導いた「小石川上水」（後の「神田上水」）である。その後，江戸の人口が増加したため，江戸幕府は 1653 年（承応 2 年）に「玉川上水」の工事に着手した。この上水は，図 3 のように，全長 43 km であるのにもかかわらず，高低差がわずかに 92 m という工事で，その水路床の勾配をどうするのかなど，難工事となったが，1654 年にわずか 7 か月あまりで完成した。

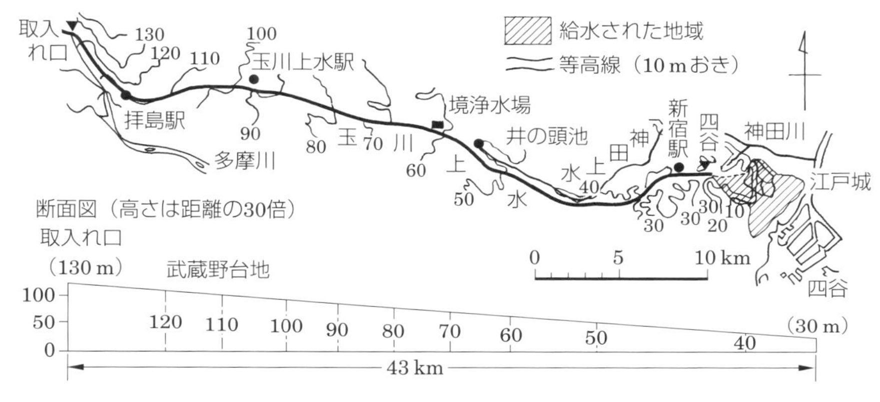

図 3　玉川上水

その後も水路の土木技術は進歩し，1890 年（明治 23 年）には，京都市の水源を琵琶湖に求めた「琵琶湖疏水」が完成している。これは，第一疏水の延長約 20 km と第二疏水の約 7.4 km の総延長 27.4 km の疏水で，図 4 のように，途中で合流した水路である。

これらの上水は，現在でも利用されており，わが国の上水道の歴史のなかでも，たいへん有名な水路となっている。

図 4　琵琶湖疏水（第一疏水と第二疏水の合流部）

2 治水・利水と水理

図5に示すように，地球上の水は太陽のエネルギーを受けてたえず循環し，蒸発・降水・流出を繰り返している。このような水の循環を**水文現象**(hydrologic cycle)という。

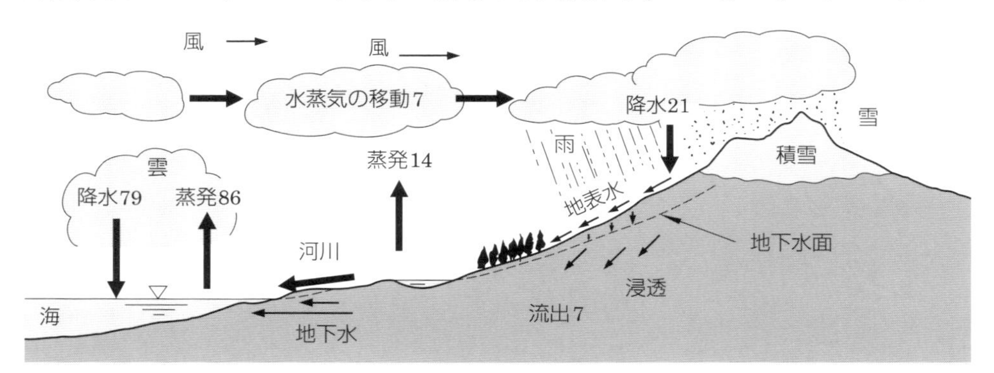

図5　水の循環

私たちはこの大循環のなかで，自然の恵みを受けて暮らしているが，わが国は，1年を通じて降雨が梅雨期や台風期に集中することや，山岳地帯が多く地形が急なため，これまでもしばしば，河川のはんらん，土石流，高潮などの水による水害をこうむってきた。

そこで人々は，自然との共生を考え，災害を防いだり，水を有効利用するため，河川や海岸に堤防を築き，ダムや遊水池などの施設を建設している。このような水と関係のある土木構造物を**水理構造物**(hydraulic structure)といい，その代表的な構造物を図6に示す。

(a) 堰（淀川大堰）

(b) ダム（黒部ダム）

図6　水理構造物

3　環境と水理

豊富な栄養をたくわえた豊かな森から流れ出た水は，小さな川から大きな河川に集まり，海へと流れ込み，さまざまな生き物をはぐくむ。私たちは，こうした水がもたらす豊かな川や海の恵みを得て生活している。

治水工事や利水工事を実施する場合，自然保護や環境保全をはかりながら，それが活力ある国土の基盤づくりとなるように留意することがたいせつである。

図7のように，河川や海岸などの水辺(ウォーターフロント)は，生物の貴重な生息空間であるとともに，水と緑のゆとり空間(オープンスペース)となっており，人々のレクリエーションや自然とのふれあいの場として，また，防災のための空間として，都市化の進んだ今日では貴重な存在となっている。そのため，このような広大で豊かな自然の空間は，われわれにとってうるおいとやすらぎのある生活の場として，今後もますます重要になってくる。

こうした水に関する自然環境の保全にも，「水理」の基礎的な知識は欠かせない。

(a) ウォーターフロントにあるオープンスペース

(b) やすらぎを感じる小川

(c) うるおいを与える池

(d) 野鳥のえさ場として環境を保護している池

図7　ウォーターフロントやオープンスペースを有効利用した公園の例

水理でよく使う単位

1 ニュートン(N)とパスカル(Pa)

力の単位は，N(ニュートン)で表す。質量が 1 kg の物体に作用して，1 m/s² の加速度を生じさせる力を 1 N という。

$$1\,\mathrm{N} = 1\,\mathrm{kg} \times 1\,\mathrm{m/s^2} = 1\,\mathrm{kg \cdot m/s^2}$$

力と質量の関係は，ニュートンの第 2 法則から，次式で表される。

$$\boldsymbol{F = ma}$$

F：力 [N]，m：質量 [kg]，a：加速度 [m/s²]

次に，地球上にある物体は，地球から引力を受ける。この引力によって物体には重力が生じる。**質量 m** の物体に働く**重力の大きさ W** は，**重力加速度**を **g** とすれば次式のように表される。

$$\boldsymbol{W = mg}$$

W：重力の大きさ [N]，m：質量 [kg]，g：重力の加速度 [m/s²]

ここで，重力の大きさ W は，**自重**ともいう。

ある容器の中の水は各面を押す力が作用する。ここで容器の底面を押す力について考えると，この力は**水に働く重力の大きさ W** となり，この力を**全水圧 P** という。また，全水圧 P の単位面積あたりに作用する力の大きさを**静水圧 p** といい，Pa(パスカル)で表す。なお，1 N/m² = 1 Pa である。

$$\boldsymbol{p = \frac{P}{A}}$$

p：静水圧 [Pa]，P：全水圧 [N]，A：物体の断面積 [m²]

2 体積(m³，cm³)と密度(kg/m³，g/cm³)

体積は [長さ]³ で与えられる。

1 m³ は，図 8(a)のように一辺の長さが 1 m の立方体に相当する体積で，1000 cm³ は，図(b)のように一辺が 10 cm の立方体に相当する体積である。それぞれの関係は，

$$1\,\mathrm{m^3} = 1\,000\,000\,\mathrm{cm^3} = 10^6\,\mathrm{cm^3}$$

である。

また，物質の単位体積あたりの質量を密度といい，

密度 [g/cm³] ＝質量 [g] ÷体積 [cm³]

である。

一般に単位体積の大きさは，1 m³ や 1 cm³ がよく使われる。

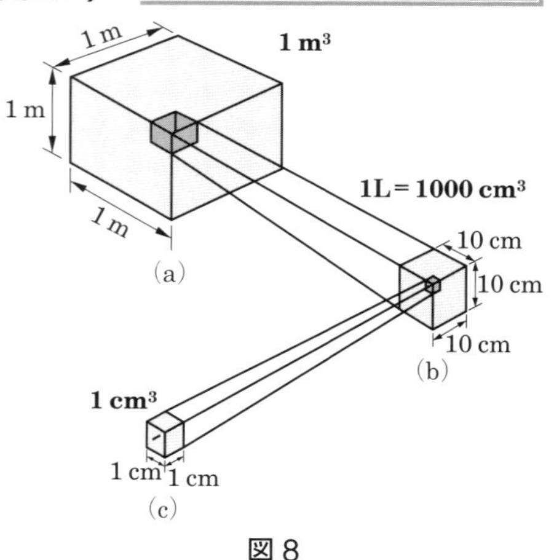

図 8

第1章

水の物理的性質

葉につく球状の水滴（表面張力）

生物の生命をはぐくみ，人間生活のすべてにかかわっている水。私たちは，この貴重な水を何気なく使っているが，その性質についてどれだけ知っているだろうか。

この章では，水の物理的性質について学ぶ。

- 水はどんな性質をもっているのだろうか。
- 水の物理的性質とはどのようなものなのだろうか。

1 水の性質

1 水の性質

水は，一般に，それ自体では固有の形をもたず，高いところから低いところへ向かって流れる。水などの**液体**[1]や空気などの**気体**[2]を**流体**[3]といい，この流体に外力が作用するときの性質は，固体の場合とは大きく異なる。また，液体が気体と接する境界面を液体の**自由表面**[4]という。液体が水の場合，**自由水面**ともいう。この流体の性質をまとめると，次のようになる。

① 流体は一定の形状をもたない。

② 流体はいかに小さなせん断力によっても，連続的にかぎりなく変形する。

③ 圧縮力を加えると，水のような液体はごくわずかしか圧縮されないが，気体はかなり圧縮される。このように，圧縮力を加えても圧縮されない流体を**非圧縮性流体**[5]，圧縮される流体を**圧縮性流体**[6]という。

④ 液体は自由表面をもつが，気体はもたない。

流体を変形すると，内部にせん断応力が生じて，変形に抵抗する。この性質を**粘性**[7]という。水は，油などに比べて粘性がひじょうに小さく，便宜上，粘性がない液体，すなわち**完全流体**[8]として考える場合がある。

❶liquid
❷gas
❸fluid
❹free surface；
　p. 42 参照。
❺incompressible fluid
❻compressible fluid
❼viscosity
❽perfect fluid

2 水の密度および単位体積重量

水が水面下の物体を垂直に押す力を水圧というが，この水圧を求める場合，水の質量が問題となる。しかし，水は一定の形をもたないから，水を表す場合，単位体積あたりの質量または自重で表すことが必要となる。単位体積あたりの質量を**密度**[9] ρ [kg/m^3] といい，この密度に**重力の加速度**[10] g が作用したものを**単位体積重量**[11] w[N/m^3] という。この関係は，次式で表される。

$$\rho = \frac{m}{V},\ m = \rho V \tag{1-1}$$

❾density
❿gravitational acceleration；
　重力の加速度は，地球上の場所によってわずかに異なるが，とくにことわらない限り，$g = 9.8$ m/s^2 として扱うことにした。
⓫unit weight；
　単位体積あたりの重量ともいい，第Ⅲ編（土質力学の基礎）では γ_w の記号を用いる。

$$\boldsymbol{w} = \rho \boldsymbol{g} \tag{1-2}$$

m：質量［kg］，V：体積［m^3］，ρ：密度［kg/m^3］，
w：単位体積重量［N/m^3］，g：重力の加速度［m/s^2］

ここで，体積 V の水に働く重力の大きさ W は，w と V から次式で表される。

$$\boldsymbol{W} = \boldsymbol{wV} = \rho \boldsymbol{gV} \tag{1-3}$$

すなわち，**水に働く重力の大きさ W は，水の単位体積重量 w に体積 V を掛けたもの**である。

密度 ρ の単位には g/cm^3，kg/m^3 などが，単位体積重量 w の単位には，N/m^3 などが用いられる。

液体の密度は，表 1-1 のように温度によって多少変化する。水の場合，4℃ のとき約 1 g/cm^3 = 1000 kg/m^3 で，本書ではとくにことわらない限り ρ = 1000 kg/m^3 として取り扱う。海水の密度は，含まれる塩分などの濃度によって異なるが，およそ 1010〜1030 kg/m^3 である。また，1 気圧のもとで水に圧力 1 Pa を作用させたときの体積の減少の割合，すなわち**圧縮率**[1]は，水温 20℃ で約 0.45×10^{-9} となり，その減少はごくわずかである。したがって，一般には，水の体積の変化を考える必要はない。

表 1-1　液体の密度 ρ

温度［℃］	水の密度［kg/m^3］	水銀の密度［kg/m^3］
0	999.84	13595.1
4	999.97	13585.2
10	999.70	13570.5
15	999.10	13558.2
20	998.20	13545.9
50	988.04	13472.6

（「理科年表」による）

[1] compressibility

図 1-1 に示す容器は，水で満たされている。このとき，この容器内の水に働く重力の大きさを求めよ。

ただし，水の密度 ρ は 1000 kg/m^3 とする。

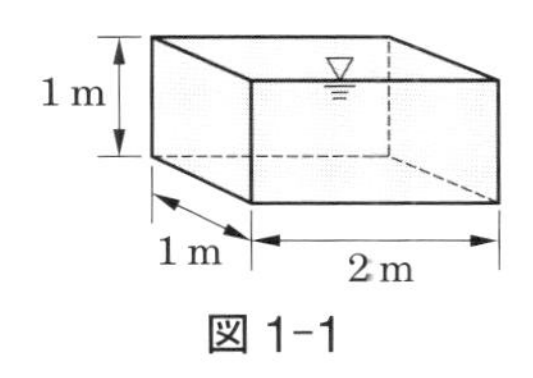

図 1-1

式(1-2)から，$w = \rho g = 1000 \times 9.8 = 9800$ N/m^3

$V = 1 \times 2 \times 1 = 2$ m^3

ゆえに，式(1-3)から，容器内の水に働く重力の大きさ W は，$W = wV = 9800 \times 2 = 19.6 \times 10^3$ N = **19.6 kN**

容積 4.6 m^3 の油の質量が 4.14 t のとき，この油の密度 ρ と単位体積重量 w を求めよ。

密度 ρ，単位体積重量 w は，式(1-1)，(1-2)から，

$$\rho = \frac{m}{V} = \frac{4.14}{4.6} = 0.90 \text{ t/m}^3$$

$$w = \rho g = 0.90 \times 10^3 \times 9.8 = \mathbf{8820\ N/m^3}$$

3 水の粘性と摩擦応力

水を小さな水粒子の集まりと考えると，水路などの中の水の流れのある点を通る水粒子の速度が**流速**[1]である。

❶velocity of flow

流速が一様でないとき，つまり図 1-2 のように底面からの距離 y の流速 u，そこから距離 $\varDelta y$ だけ離れた点の流速が $u+\varDelta u$ であるとき，単位時間(1 秒)にせん断ひずみ $\gamma=\dfrac{\varDelta u}{\varDelta y}$ が生じる。このとき，水はこのひずみに抵抗する**せん断応力**[2](**摩擦応力**[3]ともいう) τ を受ける。この性質を水の粘性といい，せん断応力 τ の大きさは，せん断ひずみ(速度勾配)と粘性に関係し，次の式のように表される。

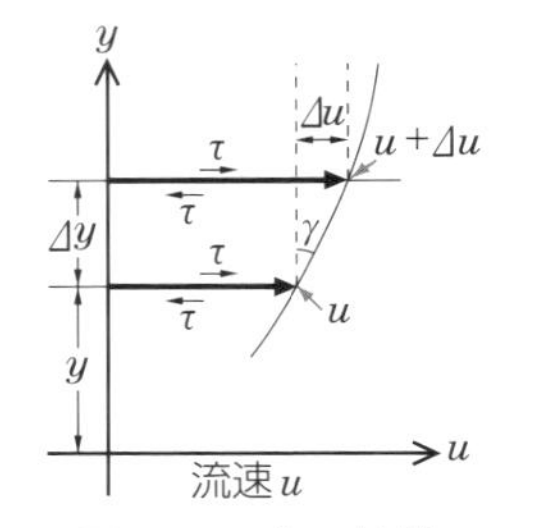

図 1-2　水の粘性

❷shear stress
❸frictional shearing stress
❹γ は，たいへん小さい値のため，ラジアン単位で表すと，

$$\tan\gamma=\gamma=\frac{\varDelta u}{\varDelta y}$$

がなりたつ。

ニュートンの粘性方程式

$$\tau=\mu\tan\gamma=\mu\gamma=\mu\frac{\varDelta u}{\varDelta y} \qquad (1\text{-}4)^{❹}$$

この式中の比例定数 μ を**粘性係数**[5]といい，単位は [Pa･s][6] である。また，この粘性係数 μ を密度 ρ で割ったものを**動粘性係数**[7] ν といい，単位は [m²/s] である。

❺coefficient of viscosity
❻1 Pa･s = 1 kg/(m･s)
❼kinematic viscosity

$$\nu=\frac{\mu}{\rho} \qquad (1\text{-}5)$$

水の粘性係数および動粘性係数は，温度によって変化する(表 1-2)。

表 1-2　水の粘性係数と動粘性係数の温度変化

温度 [℃]	粘性係数 μ [10^{-3} Pa･s]	動粘性係数 ν [10^{-6} m²/s]
0	1.792	1.792
5	1.519	1.519
10	1.307	1.307
15	1.138	1.139
20	1.002	1.004
25	0.8902	0.8928
30	0.7973	0.8008
40	0.6527	0.6578
50	0.5471	0.5537

(「JIS Z 8803」による)

例題 3　20℃ の水の粘性係数は 1.002×10^{-3} Pa･s で，その密度は 998.20 kg/m³ である。このとき，動粘性係数はいくらか。

解答　式(1-5)から，動粘性係数 ν は，次のようになる。

$$\nu=\frac{\mu}{\rho}=\frac{1.002\times10^{-3}}{998.20}=\mathbf{1.004\times10^{-6}\ m^2/s}$$

例題 4　図 1-3 に示す面積 2 m² の平板を深さ 5 mm の水面に接して，0.1 m/s の速度で水平に動かすとき，平板に作用するせん断応力を求めよ。ただし，水温を 20℃ とする。

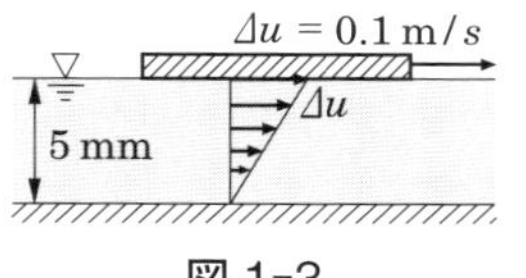

図 1-3

解答　20℃ の水の粘性係数 $\mu=1.002\times10^{-3}$ Pa･s，$\varDelta u=0.1$ m/s，$\varDelta y=5\times10^{-3}$ m である。せん断応力 τ は，式(1-4)から，

$$\tau=\mu\frac{\varDelta u}{\varDelta y}=1.002\times10^{-3}\times\frac{0.1}{5\times10^{-3}}=\mathbf{0.02\ N/m^2}$$

2 表面張力と毛管現象

1 表面張力

液体は分子間引力により，液体表面では収縮する力が働き，この力を**表面張力**[1]という。表面張力は，物質やその温度差によって異なる（表 1-3）。なお，植物の葉上の水滴が球状となるのは，この表面張力のためである。

[1] surface tension
単位長さあたりに作用する力（[N/m] = [kg/s²]）で表す。

表 1-3　表面張力 T の値

物質	温度［℃］	T［N/m］
水	0	0.07562
	10	0.07420
	15	0.07348
	20	0.07275
水銀	15	0.487
エチルアルコール	20	0.0223
ベンゼン	20	0.0289

（「理科年表」による）

2 毛管現象

液体とほかの物体との接触面には，付着力が作用する。この付着力と表面張力のため，液体に細い管を入れると，図 1-4 のように，管内の液面が上昇または下降する。この現象を**毛管現象**[2]という。

[2] capillarity

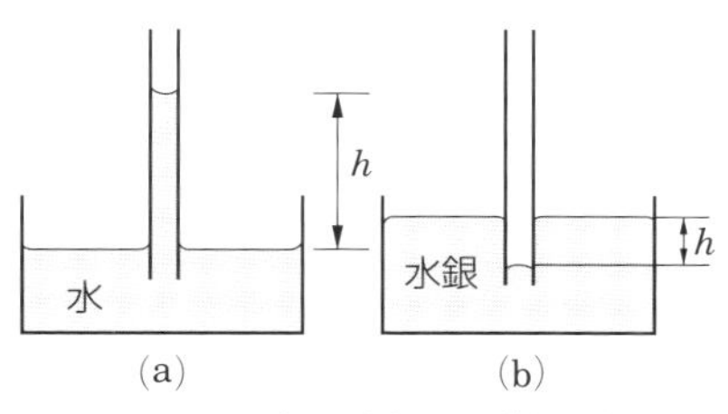

図 1-4　水と水銀の毛管現象

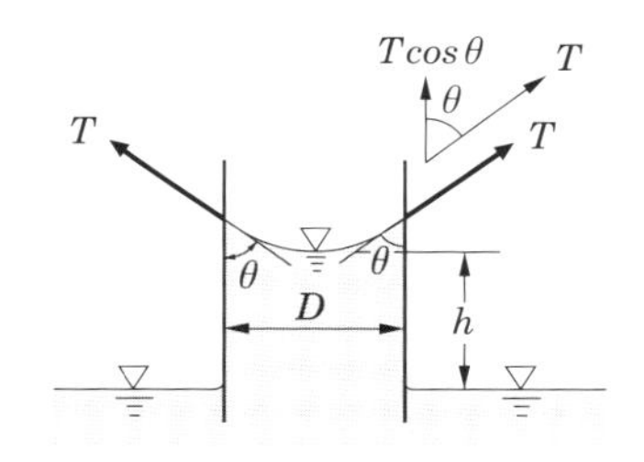

図 1-5　水面の上昇

図 1-5 に示すように，表面張力を T とすれば，細管内面の円周 πD[3] に鉛直力 $T\cos\theta$ の上向きの力 $\pi D \times T\cos\theta$ が作用し，細管内の水の重量 $\rho g V$ と釣り合う。したがって，液面の上昇または下降する高さ h は，次式で表される。

[3] $\pi = 3.141592654$ で計算する。

$$\pi D \times T\cos\theta = \rho g V = \rho g \times \frac{\pi D^2}{4} h$$

$$\boldsymbol{h = \frac{4T\cos\theta}{\rho g D}} \qquad (1\text{-}6)$$

T：表面張力［N/m］，θ：接触角，ρ：液体の密度［kg/m³］，
g：重力の加速度［m/s²］，D：管の内径［m］，V：上昇した管の体積

なお，接触角 θ は物質によって異なる（表 1-4）。

接触角は，液体側から接触面の角度で表す。図 1-6(a) に示すよ

表 1-4　接触物質と接触角 θ

接触物質	接触角
水とガラス	8～9°
水とよく磨いたガラス	0°
水と滑かな鉄	約 5°
水銀とガラス	約 140°

うに，水とガラスでは接触角 θ が 8〜9° と小さく，図 1-4(a)の細管内の液面は上方に引き上げられる。一方，図 1-6(b)に示すように，水銀とガラスの接触角は約 140° で，図 1-4(b)の細管内の水銀は下方に引き下げられ，管内の液面は外の液面以下となる。

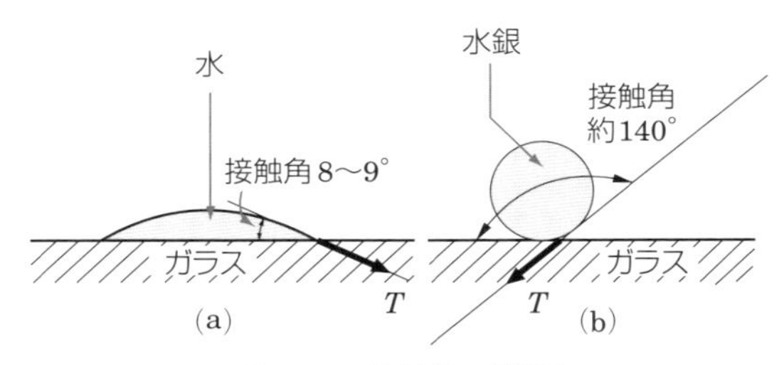

図 1-6　接触角の説明

例題 5　図 1-4 において，内径 5 mm のガラス管を静水中に立てたとき，毛管現象による水の上昇高さ h を求めよ。

ただし，水温は 15℃，水とガラス管の接触角は 9° とする。

解答　表 1-1，表 1-3 から，15℃ の水の密度 $\rho = 999.10\ \mathrm{kg/m^3}$，表面張力 $T = 0.07348\ \mathrm{N/m}$，重力の加速度 $g = 9.8\ \mathrm{m/s^2}$，$D = 0.005\ \mathrm{m}$ である。ゆえに，水の上昇高さ h は，式(1-6)から，次のようになる。

$$h = \frac{4T\cos\theta}{\rho g D} = \frac{4\times0.07348\times\cos 9°}{999.10\times9.8\times0.005} = 5.93\times10^{-3}\ \mathrm{m} = \mathbf{6.00\ mm}$$

問 1　温度 20℃ の水に，一円玉(直径 20 mm，厚さ 1.5 mm，質量 1 g)を静かに置いたとき，図 1-7 に示すような状態で一円玉は水に浮いた。一円玉がなぜ浮いたのか考えてみよ。

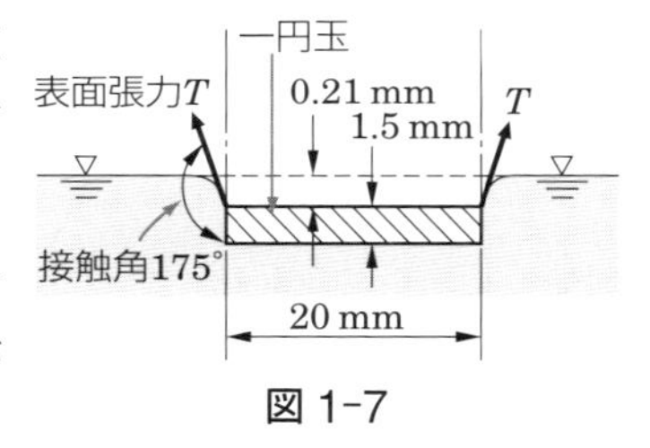

図 1-7

第1章　章末問題

1.　体積 100 cm³，質量 120 g の物体の密度を求めよ。また，地球上($g = 9.8\ \mathrm{m/s^2}$)および月面での単位体積重量はいくらか。ただし，月面の重力の加速度は，地球の 1/6 とする。

2.　体重(質量)60 kg の人が，上昇中のエレベーター内で体重を測定したところ 66 kg であった。このとき，エレベーター内にいる人に加わる重力の加速度 g' はいくらか。

3.　内径 5 mm のガラス管を水銀中に立てたとき，毛管現象によって水銀が管内を上昇する高さを求めよ。ただし，水銀の温度を 15℃，水銀とガラス管の接触角を 140° とする。

第2章

静水圧

ダムに作用する水圧（黒部ダム：富山県）

液体は，それ自身固有の形をもたないから，容器にでも入れておかないと，重力の作用を受けて流れ出してしまう。液体が固有の形をもたないということは，固体と異なって，形を変えようとする作用に対して抵抗する力がないからである。

この章では，水が面に作用する力（水圧）について学ぶ。

- 水が面に作用すると，水圧はどのように作用するだろうか。
- パスカルの原理とは，どのようなものなのだろうか。
- アルキメデスの原理とは，どのようなものなのだろうか。

1 静水圧

1 液体の分子運動と圧力

固体では，分子間引力が大きいために，分子が自由に移動できない。このため，固有の形を保つことができる。しかし，液体では，分子の配列が不規則で分子間の距離も一定ではなく，分子間引力の大きさも等しくないために，分子は比較的自由に移動することができる。このため，固有の形を保つことができず，液体を容器に入れると，容器に応じてその形を変える。このようにして，多数の分子が壁面の単位面積を垂直に押す力を，面に対する圧力という。液体が水の場合，この圧力を**静水圧**❶または**水圧**❷という。すなわち，水圧は次の性質をもっている。

❶hydrostatic pressure
❷water pressure

【性質 1】 水圧は面に対して垂直方向に作用する。

2 水圧と全水圧

図 2-1 のように水圧 p は，一般に，単位面積❸あたりに作用する力の大きさで表し，単位は Pa，kPa などである。また，水圧は水に接する面全体に作用する。

ある平面に加わる水圧 p の合計は，全水圧❹ P で表し，単位は N，kN などである。平面の面積を A とすると，p，A，P の間には，次の関係がなりたつ。

$$\boldsymbol{p = \frac{P}{A}},\quad \boldsymbol{P = pA} \qquad (2\text{-}1)$$

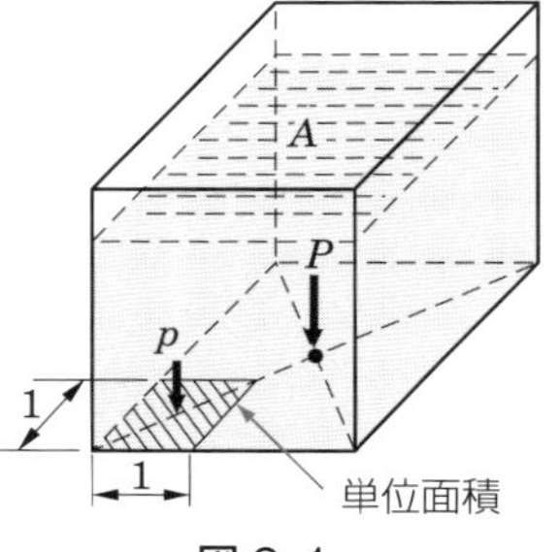

図 2-1

❸1 m²，1 cm² などが使われる。
❹total pressure

3 1点における水圧

静止した水中のある点における水圧は，その点を中心とする単位面積あたりに作用する力で表す。

いま，静止した水中に，図 2-2(a)のように，一辺を水平にした微小な直角三角形の断面をもつ単位長さの三角柱を考え，これに作用する力の釣合いを考えてみる。

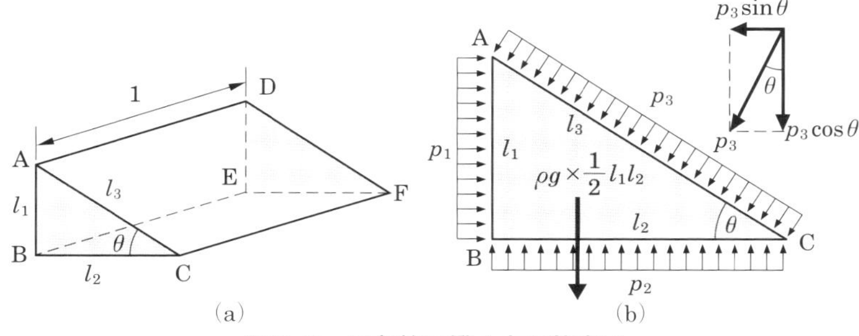

図 2-2　三角柱に働く力の釣合い

三角柱の両端面(△ ABC と△ DEF)に加わる力は，たがいに打ち消しあうから，ほかの三つの面に作用する力だけを考えればよい。

いま図 2-2(b)の三辺の長さを l_1，l_2，l_3，各面に作用する水圧を p_1，p_2，p_3，水の密度を ρ，重力の加速度 g とする。この三角柱が静止しているためには，各方向の力が釣り合う必要があるから，次式がなりたつ。

1 ● 水平方向の釣合い

面 ABED に作用する全水圧　$p_1l_1 = p_3l_3\sin\theta$

2 ● 鉛直方向の釣合い

面 BCFE に作用する全水圧　$p_2l_2 = p_3l_3\cos\theta + \rho g\times\frac{1}{2}l_1l_2$

ところが，$l_3\sin\theta = l_1$，$l_3\cos\theta = l_2$ であるから，

$$p_1 = p_3,\ \ p_2 = p_3 + \rho g\times\frac{1}{2}l_1$$

この三角柱の断面をかぎりなく小さくすると，ρgl_1 は p_3 に比べて，ひじょうに小さな値となり，無視してもよい大きさになるので，$p_1 = p_2 = p_3$ となる。このことは，θ のどんな値に対してもなりたつから，水圧は次の性質をもっていることがわかる。

【性質 2】　静水中の 1 点における水圧は，すべての方向に対して等しい。

4　水深と水圧

1　水深と水圧の関係

静止した水中に，図 2-3(a)のような，断面積 A，高さ H の鉛直な水柱を考える。図(b)のように，この水柱の下面に作用する水圧を p_2，上面に作用する水圧を p_1 とすると，鉛直上向きに p_2，鉛直

下向きに p_1 と水柱に働く重力 ρgHA が作用する。側面に働く水圧は，すべて水平方向でたがいに打ち消しあうから，この水柱が静止状態を保つためには，次式がなりたつ必要がある。

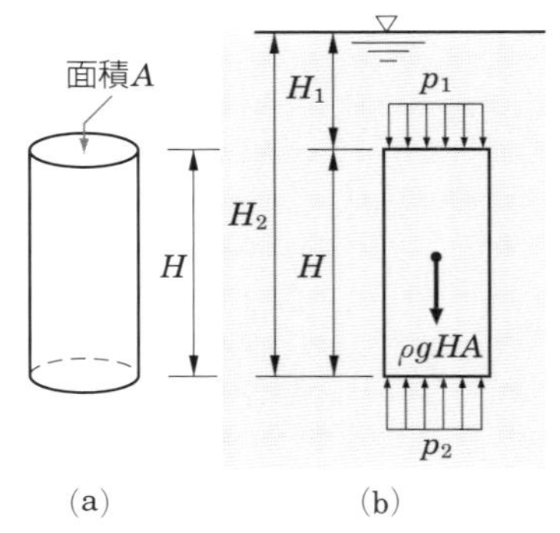

図 2-3　2 点間の圧力差

$$p_2A = p_1A + \rho gHA$$

ゆえに，$p_2 = p_1 + \rho gH$

$$\boldsymbol{p_2 - p_1 = \rho gH} \qquad (2\text{-}2)$$

図 2-3(b)において，$H_1 = 0$ とすれば，水柱の上面が自由水面に一致し，水圧 p_1 は 0 となる。したがって，式(2-2)は次のようになる。

$$p_2 = \rho gH_2$$

このことから，水深 H の点における水圧を p とすると，次式がなりたつ。

$$\boldsymbol{p = \rho gH} \qquad (2\text{-}3)$$

式(2-3)から，水圧は次の性質をもっていることがわかる。

【性質 3】　水圧は水深に比例する。したがって，同一水平面上にある点の水圧は，すべて等しい。

例題 1

図 2-4 のような容器がある。これに水を満たしたとき，点 A，B，C，D の水圧はいくらになるか。

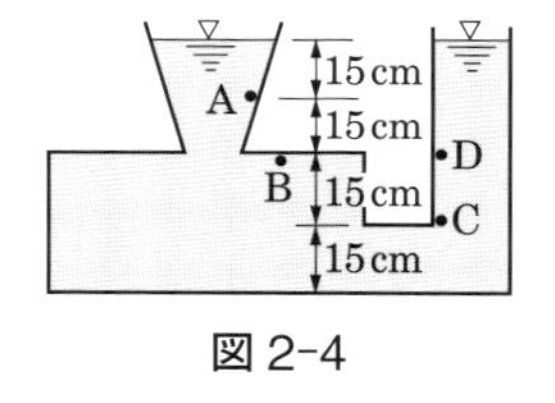

図 2-4

解答

式(2-3)から，各点の水圧を求めると，

点 A の水圧は，

$$p_A = \rho gH = 1000 \times 9.8 \times 0.15$$
$$= 1.47 \times 10^3\ \mathrm{N/m^2} = \mathbf{1.47\ kPa}$$

点 B と点 D は水深が等しいので水圧も等しくなる。したがって，

$$p_B = p_D = \rho gH = 1000 \times 9.8 \times 0.30$$
$$= 2.94 \times 10^3\ \mathrm{N/m^2} = \mathbf{2.94\ kPa}$$

点 C の水圧は，$p_C = \rho gH = 1000 \times 9.8 \times 0.45$

$$= 4.41 \times 10^3\ \mathrm{N/m^2} = \mathbf{4.41\ kPa}$$

問 1

図 2-5 の状態において，水面下 4 m と 6 m の点の圧力 p_1，p_2 を求めよ。ただし，水銀の密度を 13600 kg/m³ とする。

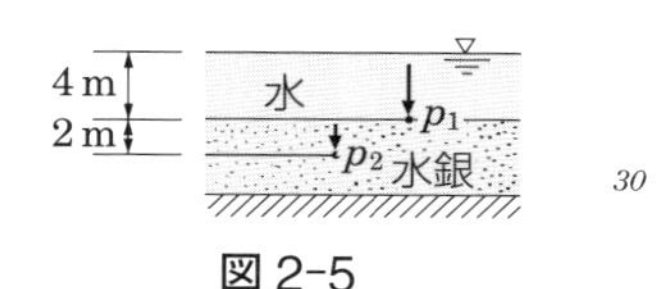

図 2-5

2 ゲージ圧と絶対圧

図2-6のように，水面に**大気圧**p_0が作用しているとき，水深Hの点における水圧pは，式(2-3)にp_0を加えて，次のようになる。

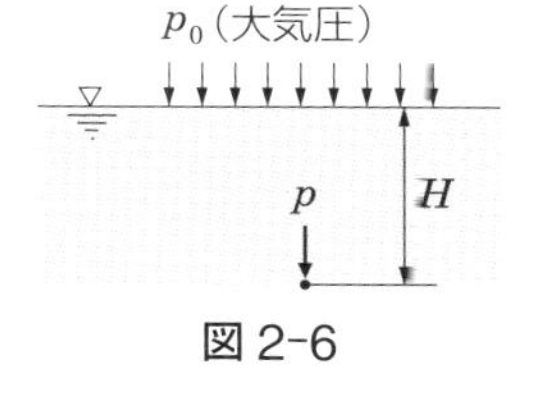

図2-6

$$p = p_0 + \rho g H \tag{2-4}$$

水圧を計算する場合，大気圧を基準として水の圧力だけを考えるもの，すなわち，式(2-3)で求める圧力を**ゲージ圧**[1]といい，真空を基準とするもの，つまり大気圧とゲージ圧の合計，すなわち，式(2-4)で求める圧力を**絶対圧**[2]という。

❶gauge pressure；
水理計算では，ふつうゲージ圧を用いる。

❷absolute pressure

5 圧力水頭

式(2-3)を変形すると，次のようになる。

$$H = \frac{p}{\rho g} \tag{2-5}$$

式(2-5)のHは，圧力pを生じるのに必要な水深であって，**圧力水頭**[3]またはたんに**水頭**[4]という。たとえば，1気圧(記号atm)は，水銀を0.76mの高さまで押し上げる圧力に等しい。水銀の密度ρ_qを13590kg/m^{3}とした場合，式(2-3)および式(2-5)から，1気圧の圧力水頭は次のようになる。

$$p = \rho_q g H = 13590 \times 9.8 \times 0.76 = 101.2 \times 10^3\ \mathrm{N/m^2} = 101.2\ \mathrm{kPa}$$

$$H = \frac{p}{\rho g} = \frac{101.2 \times 10^3\ \mathrm{N/m^2}}{1000\ \mathrm{kg/m^3} \times 9.8\ \mathrm{m/s^2}} = 10.33\ \mathrm{m}$$

すなわち，1気圧と同じ水圧を受けるのは，水深10.33mの点であるから，1気圧に相当する圧力水頭Hは10.33mである[5]。

❸pressure head

❹water head；
水頭とは，水のもつエネルギーを液柱の高さに置き換えたものである。水頭という名称は，流れの中に，L型の管の開口部をその流れと平行になるように挿入した時に，液柱の高さとしてこれらの値が表示されることに由来する。

❺1気圧の圧力水頭をまとめると次のようになる。
$p = 0.76\ \mathrm{mHg}$
$= 10.33\ \mathrm{mH_2O}$
$= 101.2\ \mathrm{kN/m^2}$
$= 101.2\ \mathrm{kPa}$

6 水圧計

1 マノメーター

ガラス管をU字形に曲げ，これに液体Lを入れると，図2-7(a)のように，液体が同一水平面上にくる。次に，液体Lと混合しない液体MをU字管の片方に入れると，図(b)の状態で釣り合う。同一の液体において，同一水平面上の圧力は等しいから，A′-B′線上の圧力は等しい。

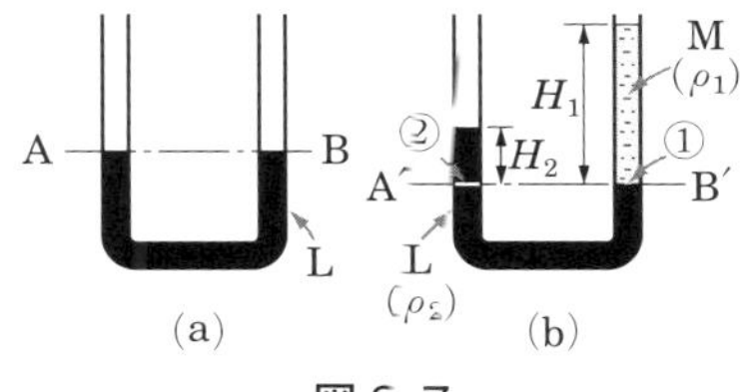

図2-7

いま，液体 M，L の密度をそれぞれ ρ_1，ρ_2 とすると，次式がなりたつ。

点①の圧力　$p_1 = \rho_1 g H_1$　　点②の圧力　$p_2 = \rho_2 g H_2$

$$\rho_1 \boldsymbol{gH}_1 = \rho_2 \boldsymbol{gH}_2 \qquad (2\text{-}6)$$

上の原理を利用して，水槽や管路内の圧力を液体の重量と釣り合わせて測定することにより，水圧が求められる。これが圧力計の原理である。

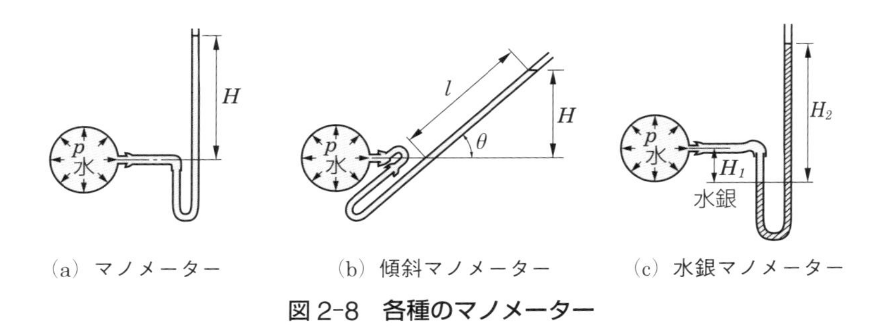

(a) マノメーター　(b) 傾斜マノメーター　(c) 水銀マノメーター

図 2-8　各種のマノメーター

図 2-8 のように，管壁に小穴をあけ，これにゴム管をつなぎ，ゴム管にガラス製の細い U 字管を接続し，ガラス管内の水面と管中心高との高低差 H を測定し，$p = \rho g H$ から管内の水圧が求められる。

図のような装置を**マノメーター**❶または**ピエゾメーター**❷という。管内の水圧が小さなときは，H が小さくて読み取りにくいので，図(b)の傾斜マノメーターを用いて l を測定し，$p = \rho g l \sin\theta$ から水圧を求める。

❶manometer
❷piezometer

管内の水圧が大きいときは，H がひじょうに大きくなり，測定が困難になるので，図(c)のように，細管内に水銀を入れた水銀マノメーターを用いる。この場合，管内の水圧を p，水の単位体積重量を ρg，水銀の単位体積重量を $\rho_q g$ とすれば，次式のようになる。

$$p + \rho g H_1 = \rho_q g H_2$$

$$\boldsymbol{p} = \rho_q \boldsymbol{gH}_2 - \rho \boldsymbol{gH}_1 \qquad (2\text{-}7)$$

この場合，H_1，H_2 を測定することによって p が求められる。

2 差圧計

次に，異なった二つの管 A，B の圧力差を測定する場合，図 2-9 のような**差圧計**[1]を用いる。図(a)は，圧力差が大きいときに用いるもので，管内の液体(ρg)より単位体積重量の重い液体($\rho' g$)を入れる。この場合，水平線 C–C 上の点①と点②の圧力は等しい。

[1] 差動マノメーターともいう。

ところが，点①の圧力は $p_1+\rho gH_1+\rho' gH$，点②の圧力は $p_2+\rho gH_2$ となる。また，$H=H_2-H_1$ であるから，

$$p_1+\rho gH_1+\rho' gH=p_2+\rho gH_2$$

$$p_2-p_1=\rho gH_1-\rho gH_2+\rho' gH=\rho g(H_1-H_2)+\rho' gH$$

ゆえに，差圧 Δp は，次式のようになる。

$$\boldsymbol{\Delta p=p_2-p_1=(\rho'-\rho)gH} \qquad (2\text{-}8)$$

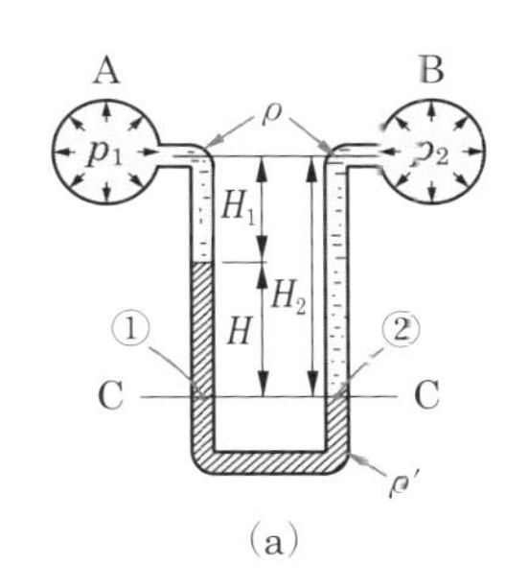

(a)

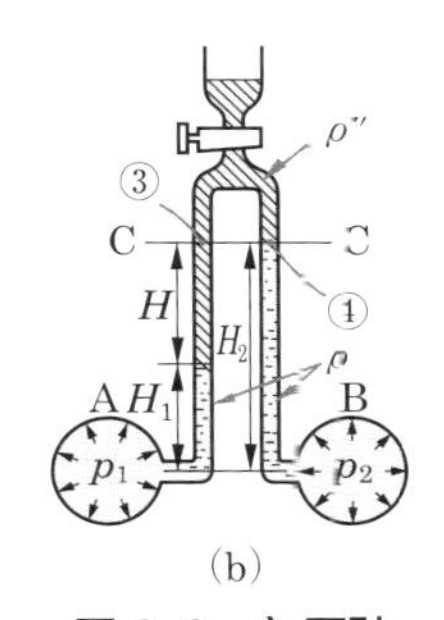

(b)

図 2-9　差圧計

図(b)は，圧力差が小さいときに用いるもので，管内の液体(ρg)より単位体積重量の軽い液体($\rho'' g$)を入れ，差圧計の水面差を拡大して読めるようにする。この場合も，水平線 C–C 上の圧力は等しいから，点③，④の圧力は等しい。点③は，管 A の中心より高いところにあるから，その圧力は p_1 より小さいことがわかる。したがって，点③の受ける圧力は $p_1-(\rho gH_1+\rho'' gH)$，同様にして，点④の受ける圧力は $p_2-\rho gH_2$，この両者は等しいから，

$$p_1-(\rho gH_1+\rho'' gH)=p_2-\rho gH_2$$

$$p_2-p_1=\rho gH_2-\rho gH_1-\rho'' gH=\rho g(H_2-H_1)-\rho'' gH$$

ゆえに，差圧 Δp は，

$$\left.\begin{aligned}\boldsymbol{\Delta p}&=\boldsymbol{p_2-p_1=(\rho-\rho'')gH}\\ \boldsymbol{H}&=\frac{\boldsymbol{p_2-p_1}}{\rho\boldsymbol{g}\left(1-\dfrac{\rho''}{\rho}\right)}\end{aligned}\right\} \qquad (2\text{-}9)$$

上式からわかるように，ρ''/ρ が 1 に近いほど分母が小さくなり，水面差 H が大きくなって，差圧計が読み取りやすくなる。

例題 2　図 2-10 において，液体として水銀(密度 13600 kg/m^3)を用いたとき，水面差 $H=20$ cm であった。両管の圧力差はいくらか。

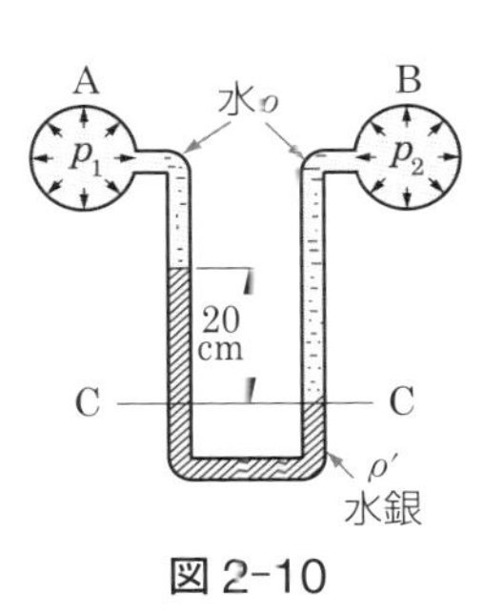

図 2-10

解答 式(2-8)から，両管の圧力差Δpは，

$$\Delta p = p_2 - p_1 = (\rho' - \rho)gH$$
$$= (13600 - 1000) \times 9.8 \times 0.20$$
$$= 24.7 \times 10^3\ \mathrm{N/m^2} = \mathbf{24.7\ kPa}$$

問2 上水道の配水管の水圧は，住居地域で最低 147 kPa と規定されている。いま，住居地域で，配水管より 5 m 高いところにある給水栓(せん)に水銀マノメーターをつなぎ，給水栓を開くと図 2-11 のようになった。この地域の配水管の水圧は，規定どおりあるといえるか。ただし，水銀の密度を 13600 kg/m³ とする。

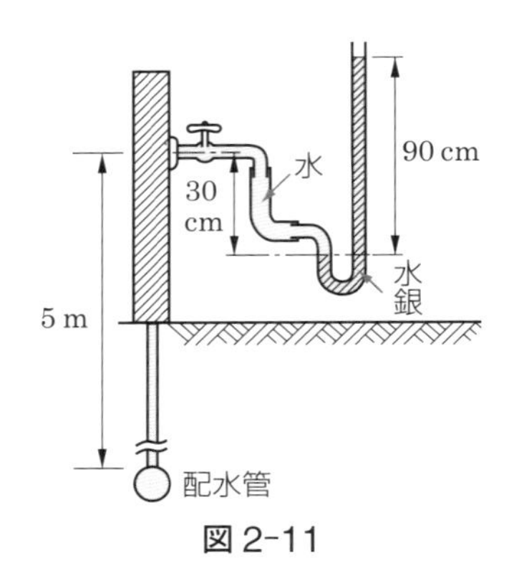

図 2-11

7 パスカルの原理

図 2-12(a)のようなある液体を満たした容器がある。図(b)のように，ピストンに力 P を作用させる。ピストンの断面積を A とすれば，ピストン内に作用する圧力 p_A は，次式で表される。

$$p_A = \frac{P}{A}$$

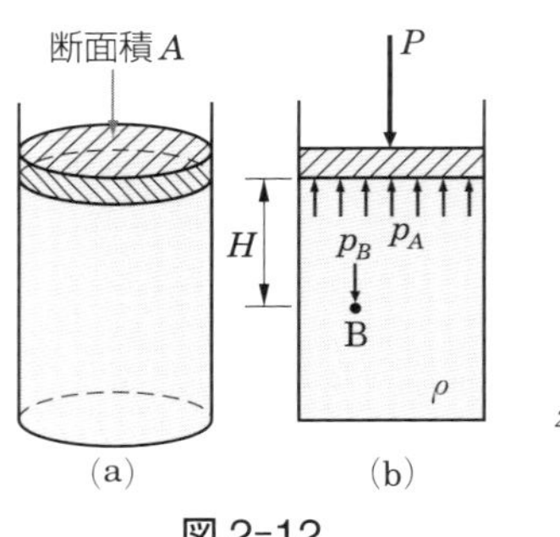

図 2-12

また，容器内の任意の深さ H の圧力を p_B，液体の密度を ρ とすれば，p_B は次式で表される。

$$p_B = p_A + \rho gH$$

ここで，図(b)において力 P をΔPだけ増加させると，p_B も同時に$\Delta p (= \Delta P/A)$だけ増加するので，p_B は次式で表される。

$$p_B = p_A + \rho gH + \Delta p$$

すなわち，**密閉された液体の一部に圧力を作用させると，その圧力は増減なく液体の各部分に伝わる。**

これを**パスカル**❶**の原理**という。

❶Pascal

この原理を応用したものには，液体として水または油が用いられた水圧機や油圧機などがある。

図 2-13 において，二つのピストンに作用する力を P_1，P_2，ピス

トンの断面積を A_1，A_2，またピストン A，B の内側に作用する圧力をそれぞれ p_A，p_B とする。任意の点 C の圧力をピストン A 側で考えると p_C，ピストン B 側で考えると p_C' とすれば，次式で表される。

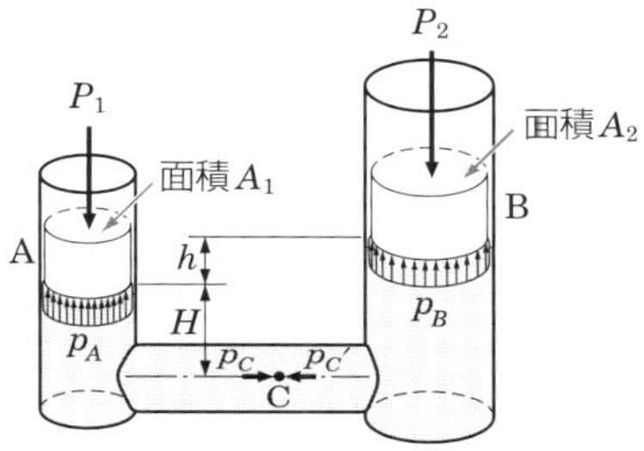

図 2-13　水圧機

$$p_C = p_A + \rho g H = \frac{P_1}{A_1} + \rho g H$$

$$p_C' = p_B + \rho g(H + h) = \frac{P_2}{A_2} + \rho g(H + h)$$

静水圧の［性質 3］から，$p_C = p_C'$ となるので，

$$\frac{P_1}{A_1} + \rho g H = \frac{P_2}{A_2} + \rho g(H + h)$$

外力 P_1，P_2 をじゅうぶん大きくする場合，p_A，p_B の内力の増加に比べて $\rho g H$，$\rho g(H + h)$ の増加はほとんど無視できるから，次の関係が得られる。

$$\left.\begin{aligned} \boldsymbol{\frac{P_1}{A_1} = \frac{P_2}{A_2}} \\ \boldsymbol{P_2 = \frac{A_2}{A_1} P_1} \end{aligned}\right\} \qquad (2\text{-}10)$$

したがって，ピストンの断面積 A_1，A_2 の面積比を大きくしておけば，小さな力でひじょうに大きな力を得ることができる。

図 2-13 において，A，B の内径をそれぞれ 5 cm，15 cm とすると，ピストン B で質量 20 kg の物体をもち上げるには，ピストン A にいくらの力を作用させればよいか。

質量 20 kg の物体をもち上げる力 P_2 は，

$$P_2 = 20 \times 9.8 = 196 \text{ N}$$

式(2-10)から，

$$P_1 = \frac{A_1}{A_2} \times P_2 = \frac{\pi D_1^2/4}{\pi D_2^2/4} \times P_2 = \left(\frac{D_1}{D_2}\right)^2 \times P_2$$

$$= \left(\frac{0.05}{0.15}\right)^2 \times 196$$

$$= \mathbf{21.8\ N}$$

私たちのまわりで，パスカルの原理はどんな所で応用されているか調べてみよう。

2 平面に作用する全水圧

1 水平な平面に作用する全水圧とその作用点

水面と平行な位置にある平面に作用する全水圧の求め方を考える。

いま，図 2-14 のような水槽が水平に設置され，水深が H であるとすると，単位面積あたりの水圧 p は，式(2-3)から $p = \rho g H$ である。これが底面のどの部分にも一様に作用する。底面積を A，A に作用する全水圧を P とすると，P は式(2-1)から，次式のようになる。

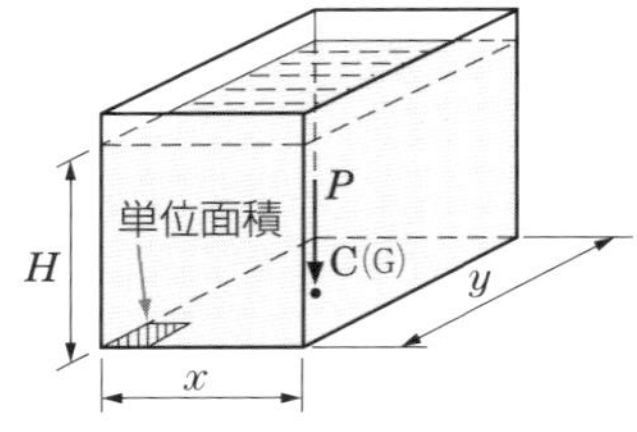

図 2-14　底面の受ける全水圧

$$\boldsymbol{P = pA = \rho g H A} \qquad (2\text{-}11)$$

また，水の体積を V とすると，$V = HA$ から，式(2-11)は次式のようになる。

$$P = \rho g V$$

つまり，底面に作用する全水圧は水槽内の水に働く重力と等しくなる。なお，全水圧 P の作用点 C は，水槽底面の図心 G と一致し，その作用線は，底面(水平面)に垂直すなわち鉛直方向である。

例題 4　図 2-14 において，$x = 0.5\,\mathrm{m}$，$y = 0.8\,\mathrm{m}$，$H = 0.4\,\mathrm{m}$ とすると，底面が受ける全水圧はいくらか。

解答

式(2-3)から，

水圧　$p = \rho g H = 1000 \times 9.8 \times 0.4 = 3.92 \times 10^3\,\mathrm{N/m^2}$

$= 3.92\,\mathrm{kPa}$

底面積 $A = 0.5 \times 0.8 = 0.4\,\mathrm{m^2}$ となるので，式(2-11)から，

全水圧 $P = pA = 3.92 \times 10^3\,\mathrm{N/m^2} \times 0.4\,\mathrm{m^2} = 1.57 \times 10^3\,\mathrm{N}$

$= \mathbf{1.57\,kN}$

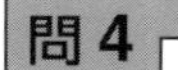
問 4　図 2-15 のように，水槽に排水管を設け，その入口に直径 0.5 m の円形のふたを取り付けた。水深が 2 m のとき，このふたの受ける全水圧とその作用点を求めよ。

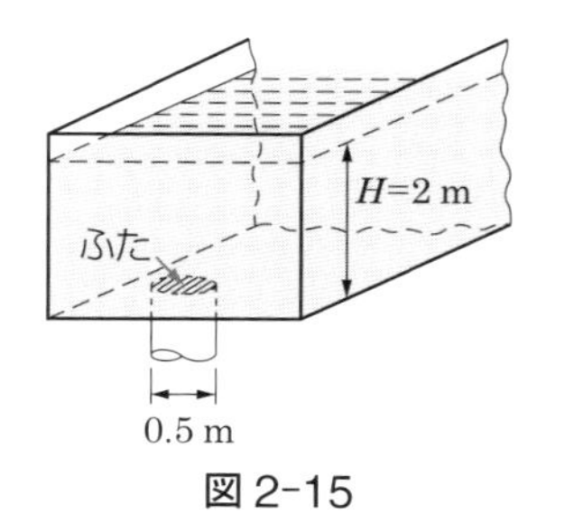

図 2-15

2 鉛直な長方形平面に作用する全水圧とその作用点

1 水圧分布が三角形の場合

取水堰❶(図 2-16)や，水槽の側壁などの，鉛直な平面に作用する水圧を考える。

水圧は水深に比例し，平面に垂直に作用するから，水圧分布は図2-17(a)のように，水面に頂点をもつ直角三角形(△ ab′b)となる。

❶都市用水，かんがい用水および発電用水などを取水するために，河川の水をせき止め，水位を調節し，取水を容易にするためのもの。

図 2-16　取水堰(ぜき)

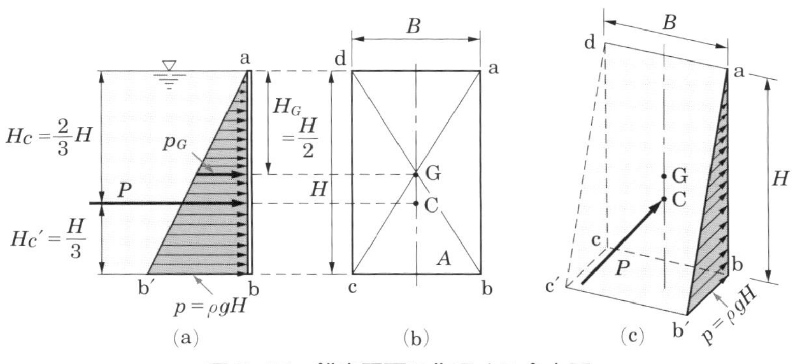

図 2-17　鉛直平面に作用する全水圧

また，平面 abcd に作用する水圧分布は，図(c)に示す三角柱状であるから，全水圧 P は，△ ab′b の水圧分布の面積に平面の幅 B を掛けて求められる。したがって，P は，次式で表される。

$$P=\frac{1}{2}\rho gH\times H\times B=\frac{\rho gBH^2}{2} \qquad (2\text{-}12)$$

また，△ ab′b の面積は，図(a)から p_GH と考えてもよいから，

$$P=p_GHB=p_GA=\rho gH_GA \qquad (2\text{-}13)$$

P：全水圧，p_G：平面の図心 G の水圧，A：平面の面積，
ρg：液体の単位体積重量，H_G：平面の図心 G の水深

全水圧の作用方向は平面に垂直で，作用点は図の点 C である。これは，水圧分布図(△ ab′b)の図心を通り，平面に垂直に引いた線が，平面の鉛直方向の中心線と交わる点であるから，次式から求められる。

$$H_C=\frac{2}{3}H \qquad H_C'=\frac{1}{3}H \qquad (2\text{-}14)$$

なお，点 C は高さ方向の値だけを求めればよい❷。

❷点 C は平面の鉛直中心線上にあるから，高さ方向だけ求める。

例題 5 幅 2 m の長方形断面水路をせき止めたところ，図 2-18 のようになった。せき板に作用する全水圧とその作用点を求めよ。

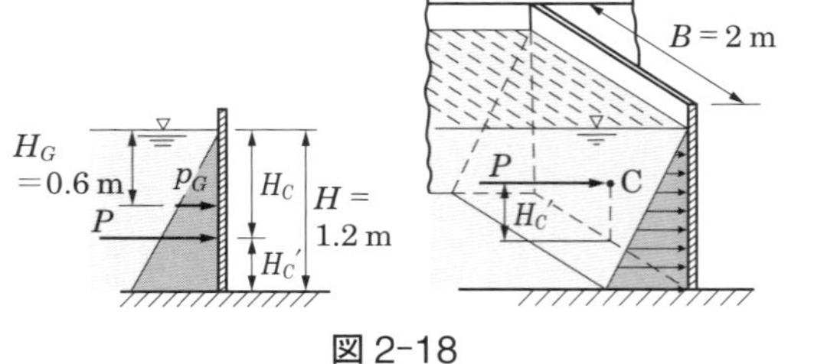

図 2-18

解答 図のような場合，せき板の面積は水面以下の水と接している部分であるから，式(2-13)から次のようになる。

せき板の面積 A は，

$$A = BH = 2 \times 1.2 = 2.4 \text{ m}^2$$

せき板の図心の水深 H_G は，

$$H_G = \frac{H}{2} = \frac{1.2}{2} = 0.6 \text{ m}$$

全水圧 P は，

$$\begin{aligned} P &= \rho g H_G A \\ &= 1000 \times 9.8 \times 0.6 \times 2.4 \\ &= 14.1 \times 10^3 \text{ N} = \mathbf{14.1\ kN} \end{aligned}$$

作用点は式(2-14)から，

$$H_C = \frac{2}{3} H = \frac{2}{3} \times 1.2 = \mathbf{0.8\ m},$$

$$H_C' = \frac{H}{3} = \frac{1.2}{3} = \mathbf{0.4\ m}$$

問 5 橋脚の基礎工事のため，川のなかに仮締切りの矢板を打ったところ，図 2-19 の状態になった。矢板の奥行 1 m あたりに作用する全水圧と，その作用方向・作用点を求めよ。

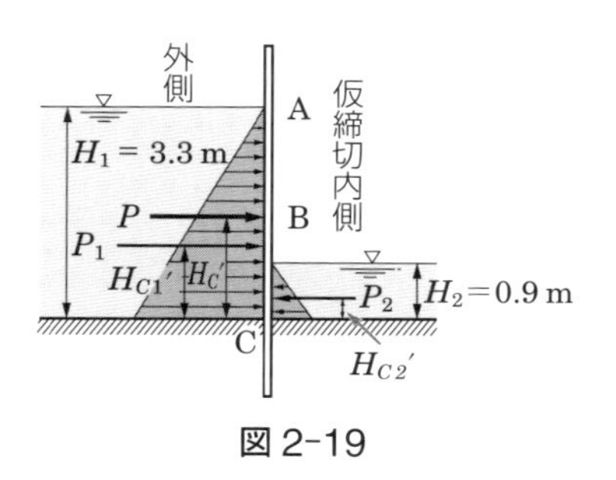

図 2-19

2 水圧分布が台形の場合

越流堰[❶]（図 2-20）や取水堰において，平面の上縁が水面と平行で水面下にある場合の水圧について考える。

図 2-21(b)に示す平面 abcd が，図(a)のような深さにあるとき，これに作用する水圧分布は，台形 aa′b′b である。この台形の水圧分布の面積を求め，これに平面の幅 B を掛けると全水圧 P が得られる。

❶堰の頂部を越えて水を流下させ，おもに上流側の水位の調整，流量の測定，上澄のきれいな水だけの均等な流出などに用いられる。

図 2-20 越流堰

$$P = \frac{p_1 + p_2}{2} HB = \frac{\rho g B}{2} (H_1 + H_2)(H_2 - H_1) = \rho g H_G A \quad (2\text{-}15)$$

ただし，$H_G = \dfrac{H_1 + H_2}{2}$，$H = H_2 - H_1$，$A = BH$

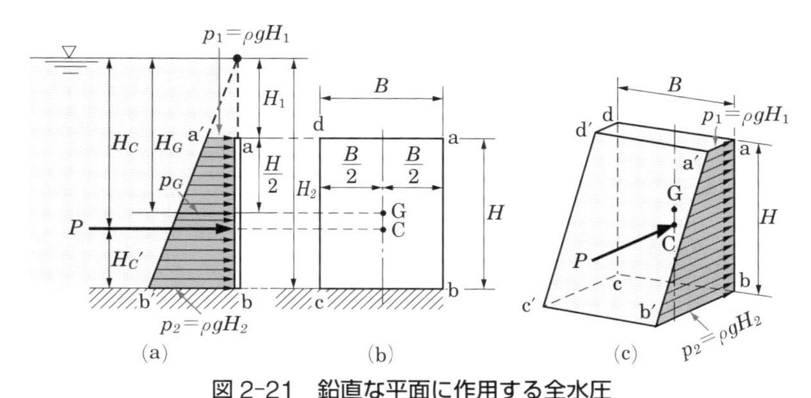

図 2-21　鉛直な平面に作用する全水圧

式(2-15)は，その平面の図心 G の水深を H_G で表せば，式(2-13)と同様に，$\rho g H_G A$ となるため，水圧分布が台形の場合でも，三角形の場合と同様に H_G も求めればよい。

全水圧 P の作用点 C は，水圧分布図の台形 aa′b′b の図心の高さであるから，

$$\left.\begin{aligned} H_C' &= \frac{H}{3} \cdot \frac{2p_1 + p_2}{p_1 + p_2} = \frac{H}{3} \cdot \frac{2H_1 + H_2}{H_1 + H_2} \\ H_C &= H_2 - H_C' \end{aligned}\right\} \quad (2\text{-}16)$$

以上の結果から，次のことがいえる。

【全水圧】　長方形平面に作用する全水圧 P は，その平面の図心 G の水深 H_G を求め，それに水の単位体積重量 ρg と，平面の面積 A を掛けて得られる。❶

【作用点】　長方形平面に作用する全水圧の作用点は，水圧分布図の図心を通り，平面に垂直な線が平面の鉛直方向の中心線と交わる点 C である。❷

❶平面が長方形以外の場合や水面と任意の角度をもって傾斜している場合にも適用できる。

❷平面が長方形であれば，任意の角度で傾斜している場合にも適用できる。

例題 6　図 2-22 のように，水深 10 m の海底に，高さ 2 m，幅 2 m，長さ 3 m のコンクリートブロックを水平に沈めた。このブロックの広いほうの側面に作用する全水圧とその作用点を求めよ。ただし，海水の密度を 1025 kg/m³ とする。

解答

大きいほうの側面積

$A = 2 \times 3 = 6\ \mathrm{m}^2$

図心までの水深　$H_G = 9\ \mathrm{m}$

全水圧は，式(2-13)から，

$P = \rho g H_G A = 1025 \times 9.8 \times 9 \times 6$

$= 542 \times 10^3\ \mathrm{N} = \mathbf{542\ kN}$

全水圧の作用点は式(2-16)から，

$$H_C' = \frac{H}{3} \cdot \frac{2H_1 + H_2}{H_1 + H_2} = \frac{2}{3} \cdot \frac{2 \times 8 + 10}{8 + 10} = \mathbf{0.96\ m}$$

$$H_C = H_2 - H_C' = 10 - 0.96 = \mathbf{9.04\ m}$$

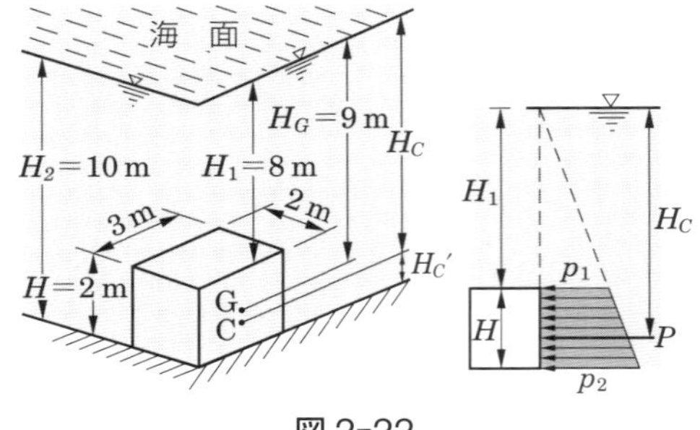

図 2-22

3　傾斜した長方形平面に作用する全水圧とその作用点

ロックフィルダムの上流側法面(のりめん)や，河川堤防の法面に設けた門扉(もんぴ)のように，傾斜した平面に作用する全水圧について考える。

水圧は，平面に垂直に作用するから，図2-23のように，長方形平面の上縁が，水面と平行であれば，平面がどのように傾斜していても，鉛直な場合と同様な考え方で全水圧を求めることができる。すなわち，水圧分布は図に示す台形 aa′b′b で，この

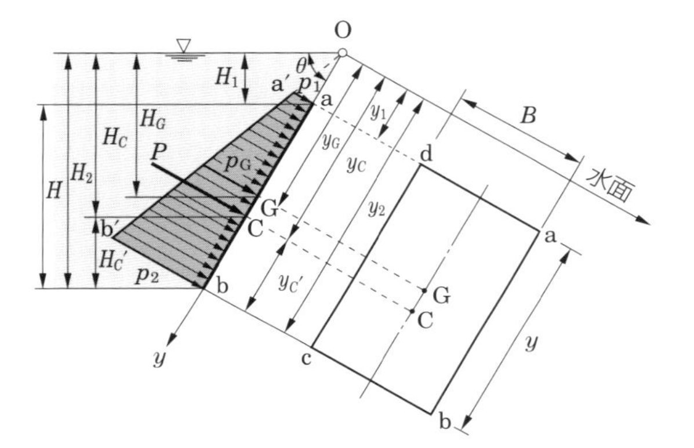

図 2-23　斜面に作用する全水圧

水圧分布の面積は $\dfrac{p_1 + p_2}{2} \times y$ である。これに平面の幅 B を掛けると全水圧 P となる。いま，平面の面積を A とすると，

$$\boldsymbol{P = \frac{p_1 + p_2}{2} \times y \times B = \rho g \frac{H_1 + H_2}{2} \times A = \rho g H_G A} \quad (2\text{-}17)$$

となり，式(2-13)とまったく同じ結果となる。もし水深 H_1 や H_2 が不明で，斜距離 y_1，y_2 が既知の場合は，次のようにする。

$$\boldsymbol{H_G = \left\{y_1 + \frac{1}{2}(y_2 - y_1)\right\} \sin\theta = y_G \sin\theta} \qquad (2\text{-}18)$$

式(2-18)の結果を，式(2-17)に代入すれば P が求められる。

全水圧の作用点 C は，平面が鉛直の場合と同様，台形 aa′b′b の図心を通るから，次のようになる。

$$\left.\begin{aligned} y_C' &= \frac{y}{3}\cdot\frac{2p_1+p_2}{p_1+p_2}=\frac{y}{3}\cdot\frac{2H_1+H_2}{H_1+H_2} \\ y_C &= y_2-y_C' \end{aligned}\right\} \quad (2\text{-}19)$$

$$\left.\begin{aligned} H_C' &= y_C'\sin\theta=\frac{y\sin\theta}{3}\cdot\frac{2H_1+H_2}{H_1+H_2}=\frac{H}{3}\cdot\frac{2H_1+H_2}{H_1+H_2} \\ H_C &= H_2-H_C' \end{aligned}\right\} \quad (2\text{-}20)$$

式(2-20)は，式(2-16)とまったく同じであるから，平面が傾斜していても，鉛直の場合と同様にして求められることがわかる。なお，長方形平面の上縁が水面にある場合は，$y_1=0$，$H_1=0$ と考えればよい。

図 2-24 のように，1：2 の勾配をもつロックフィルダムの法面 ab に作用する全水圧とその作用点を求めよ。

ただし，水深は 25 m とし，ダムの奥行 1 m について考えるものとする。

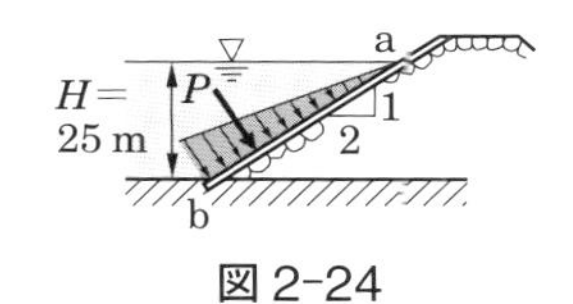

図 2-24

法面 ab の中点の水深　$H_G=\frac{H}{2}=\frac{25}{2}=12.5\ \mathrm{m}$

法面 ab の長さ　$ab=y=25\sqrt{1^2+2^2}=55.9\ \mathrm{m}$

全水圧 P は，式(2-17)から，

$P=\rho g H_G A=1000\times9.8\times12.5\times55.9\times1=6.85\times10^6\ \mathrm{N}=\mathbf{6.85\ MN}$

全水圧の作用点は，式(2-20)の H_1 を 0 とすれば，

$$H_C'=\frac{H}{3}\cdot\frac{H_2}{H_2}=\frac{H}{3}=\frac{25}{3}=\mathbf{8.33\ m}$$

$$H_C=H-H_C'=25-8.33=\mathbf{16.67\ m}$$

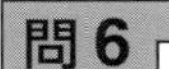

河川から取水するため，堤防内に一辺 1 m の正方形断面の暗渠（きょ）❶を設け，図 2-25 のように，取水口に門扉を取りつけた。この門扉に作用する全水圧とその作用点の水深を求めよ。

❶地中に埋設された送・排水路。

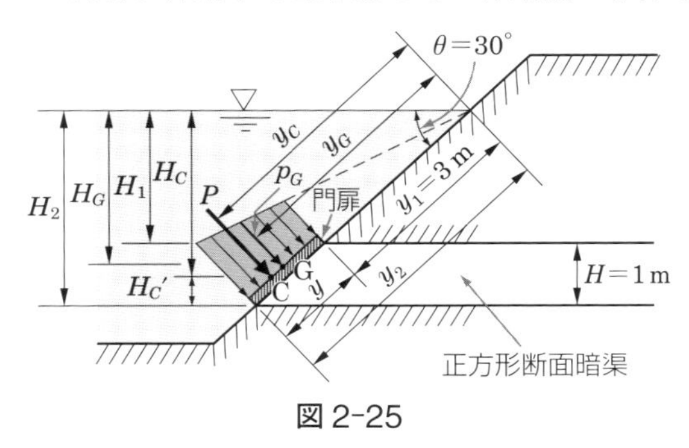

図 2-25

4 平面に作用する全水圧と作用点の一般式

これまでは，理解しやすい長方形平面について考えてきたが，図2-26のように，長方形以外の平面が，傾斜している場合の全水圧と，その作用点の求め方について考えてみよう。

1 全水圧の一般式

図2-26において，平面BDEF（面積A）をy軸上に投影すると，線分beとなる。水圧は水深に比例するから，線分be上の水圧分布は，$\overline{bb'} = p_1 = \rho g H_1$を上底，$\overline{ee'} = p_2 = \rho g H_2$を下底とする台形となるが，$x$軸方向には，それぞれの水深に応じた水圧が，その水深の平面の幅だけ分布することになる。

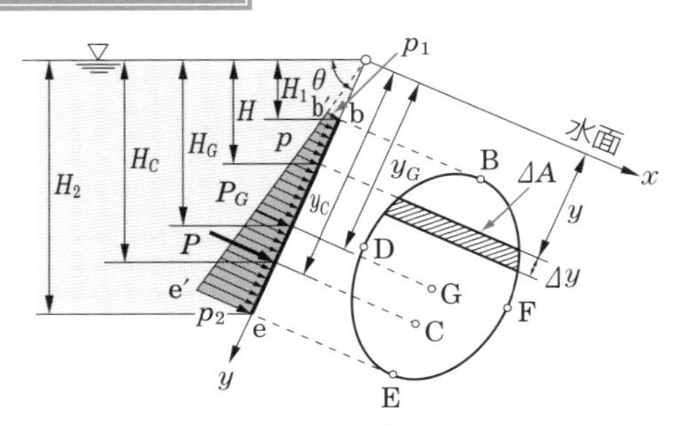

図2-26　平面に作用する全水圧

平面BDEFを水面（x軸）に平行な無数の微小面積$\varDelta A$に分割すると，任意の水深Hの点に生じる水圧pは，図の微小面積$\varDelta A$に一様に作用する。したがって，$\varDelta A$上に作用するすべての水圧$\varDelta P$は，次のようになる。

$$\varDelta P = p\varDelta A = \rho g H \varDelta A = \rho g y \sin\theta \varDelta A$$

それぞれの微小面積$\varDelta A$に作用するすべての水圧$\varDelta P$を求めて，平面の全面積Aについて合計したものが全水圧Pであるから，

$$P = \rho g \sin\theta \sum_A y\varDelta A$$ [1]

$\sum_A y\varDelta A$は，図形BDEFのx軸に関する断面一次モーメントで，図心Gとx軸との距離をy_Gとすると，$\sum_A y\varDelta A = y_G A$から，

$$\boldsymbol{P = \rho g y_G A \sin\theta = \rho g H_G A} \qquad (2\text{-}21)$$

となる。式(2-13)，(2-15)，(2-17)，(2-21)は，結果的にはすべて同じで，平面はどのような形であっても，また傾斜していても，次のことがいえる。

【全水圧】　平面に作用する全水圧は，平面の図心の水圧$p_G = \rho g H_G$に平面の面積Aを掛けると求められる。

[1] Pは，Aの中の$\varDelta P$の合計に等しい，つまり，

$$P = \sum_A \varDelta P = \sum_A \rho g y \sin\theta \varDelta A$$

となり，ρ，g，$\sin\theta$は，定数であるため，

$$P = \rho g \sin\theta \sum_A y\varDelta A$$

となる。

2 作用点の一般式

全水圧Pの作用点Cについて考える。すでに学んだように，平面を無数の微小面積$\varDelta A$に分割し，それぞれの$\varDelta A$に作用するすべ

ての水圧$\varDelta P$のx軸に関するモーメントの和が，全水圧Pとx軸から点Cまでの距離y_Cとの積に等しいから，次のようになる。

$$Py_C = \sum_A y\varDelta P$$

$$y_C = \frac{\sum_A y\varDelta P}{P} = \frac{\rho g \sin\theta \sum_A y^2\varDelta A}{\rho g y_G A \sin\theta} = \frac{\sum_A y^2\varDelta A}{y_G A}$$

上式の$\sum_A y^2\varDelta A$は，平面BDEFのx軸に関する断面二次モーメントで，これをI_xとすれば，次式のようになる。

$$\boldsymbol{y_C = \frac{I_x}{y_G A}} \qquad (2\text{-}22)$$

I_xを平面の図心Gにおける断面二次モーメントI_Gを用いて表せば，$I_x = I_G + y_G{}^2A$であり，断面二次半径を$r = \sqrt{\dfrac{I_G}{A}}$と置くと，式(2-22)は，次のように表される。

$$\boldsymbol{y_C = \frac{I_G + y_G{}^2A}{y_G A} = y_G + \frac{I_G}{y_G A} = y_G + \frac{r^2}{y_G}} \qquad (2\text{-}23)$$

【作用点】 全水圧の作用点は，式(2-23)から求められる。

この式からわかるように，全水圧の作用点Cは，つねに平面の図心Gより少し深い位置にある。なお，平面が鉛直な場合は，sin 90° = 1から，$y = H$となり，式(2-23)は次のようになる。

$$\boldsymbol{H_C = H_G + \frac{I_G}{H_G A} = H_G + \frac{r^2}{H_G}} \qquad (2\text{-}24)$$

代表的な図形のI_G，rの値を表2-1に示す。

表2-1 平面図形の性質

平面図記	面積	図心位置	断面二次モーメント	断面二次半径
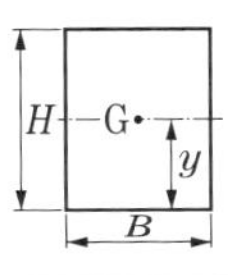	$A = BH$	$y = \dfrac{H}{2}$	$I_G = \dfrac{BH^3}{12}$	$r = \dfrac{H}{\sqrt{12}}$ $= 0.289\,H$
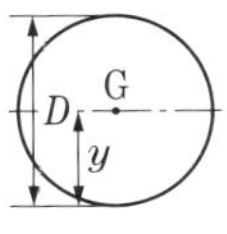	$A = \dfrac{\pi D^2}{4}$	$y = \dfrac{D}{2}$	$I_G = \dfrac{\pi D^4}{64}$ $= 0.0491\,D^4$	$r = \dfrac{D}{4}$
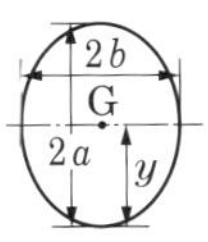	$A = \pi ab$	$y = a$	$I_G = \dfrac{\pi}{4}a^3b$	$r = \dfrac{1}{2}a$

例題 8

図 2-27 は，水槽の鉛直壁に取りつけられた直径 1 m の**フラップゲート**[1]である。ゲートの中心が水深 3 m のとき，これに作用する全水圧とその作用点を求めよ。

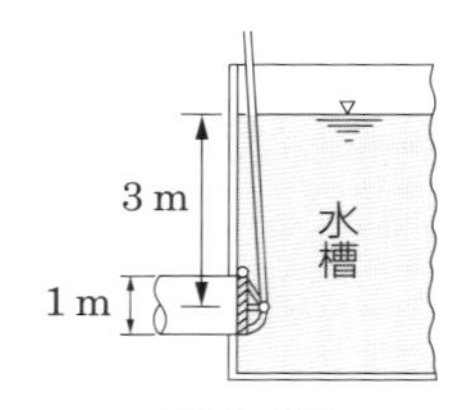

図 2-27

解答

式(2-21)から，全水圧 P は，

$$P = \rho g H_G A = 1000 \times 9.8 \times 3 \times \frac{\pi \times 1^2}{4}$$

$$= 23.1 \times 10^3\ \mathrm{N} = \mathbf{23.1\ kN}$$

また，表 2-1 より，$r = \dfrac{D}{4} = \dfrac{1}{4} = 0.25\ \mathrm{m}$ であるから，

式(2-24)から

$$H_C = H_G + \frac{r^2}{H_G} = 3 + \frac{0.25^2}{3}$$

$$= 3 + 0.02 = \mathbf{3.02\ m}$$

[1] flap gate；
フラップゲートは，水密の逆流防止を目的とする場合に用いられる。

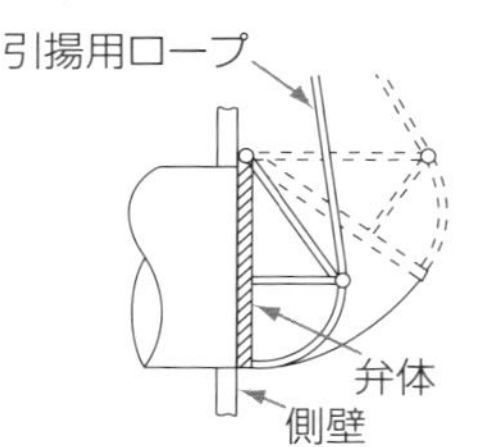

フラップゲート

例題 9

河川堤防に図 2-28 のような直径 1.2 m の取水管を設け，それにふたがつけてある。ふたの傾斜角 $\theta = 60°$ とする。図に示す寸法を用いて，ふたに作用する全水圧とその作用点を求めよ。

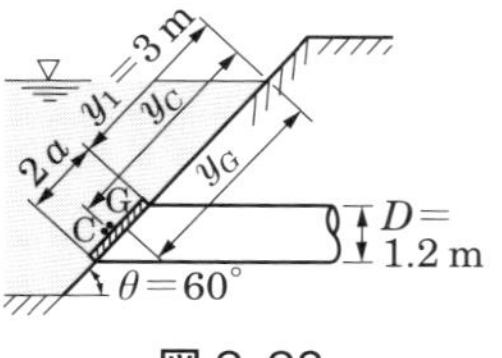

図 2-28

解答

円管を斜めに切断するから，ふたの形はだ円となる。

その長径を $2a$ とすれば，$2a = \dfrac{1.2}{\sin 60°} = 1.39\ \mathrm{m}$

短径 $2b$ は円の直径に等しいから，$2b = 1.2\ \mathrm{m}$

表 2-1 から，ふたの面積 A は，

$$A = \pi ab = \pi \times \frac{1.39}{2} \times \frac{1.2}{2} = 1.31\ \mathrm{m^2},\ \ r = \frac{1}{2}a = 0.35\ \mathrm{m}$$

また，$H_G = y_G \sin\theta = \left(3 + \dfrac{1.39}{2}\right) \times \sin 60° = \mathbf{3.20\ m}$

式(2-21)から，全水圧 P は，

$$P = \rho g H_G A = 1000 \times 9.8 \times 3.20 \times 1.31 = 41.1 \times 10^3\ \mathrm{N} = \mathbf{41.1\ kN}$$

式(2-23)から，作用点までの斜距離 y_C は，

$$y_C = y_G + \frac{r^2}{y_G} = 3.70 + \frac{0.35^2}{3.70} = \mathbf{3.73\ m}$$

したがって，作用点までの鉛直距離 H_C は，

$$H_C = y_C \sin\theta = 3.73 \times \sin 60° = \mathbf{3.23\ m}$$

問 7 図 2-29 に示すような，河川堤防に埋設した取水管渠のふたに作用する全水圧とその作用点を求めよ。

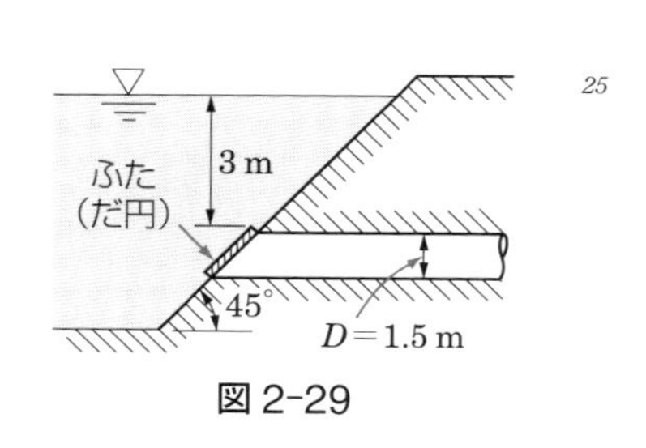

図 2-29

3 曲面に作用する全水圧

貯水ダムの洪水吐(こうずいばき)[1]などに取りつけられるラジアルゲート[2](図 2-30)の曲面に作用する水圧を求めるには，次のように考える。

図 2-31(a)のように，水平面上に x 軸，y 軸をとり，鉛直方向に z 軸をとって立体的に表す。曲面を O′y 軸に平行な無数の直線で分割すれば，それぞれが平面と考えられる幅 Δs の帯状の微小部分が得られる。この曲面の xz 平面への投影は曲線 d″c″ (a″b″)となる。また，この曲面の yz 平面への投影は長方形 a′b′c′d′ となる。

また，曲面上で y 軸に平行な直線を引けば，この直線上のすべての点で水圧は一様である。しかし，曲線 DC の方向，すなわち z 軸方向には，水深が異なるから，水圧の大きさは異なる。曲線が円弧であるから，水圧の方向は，図(b)のように，すべて円弧の中心 O′ に向かう。

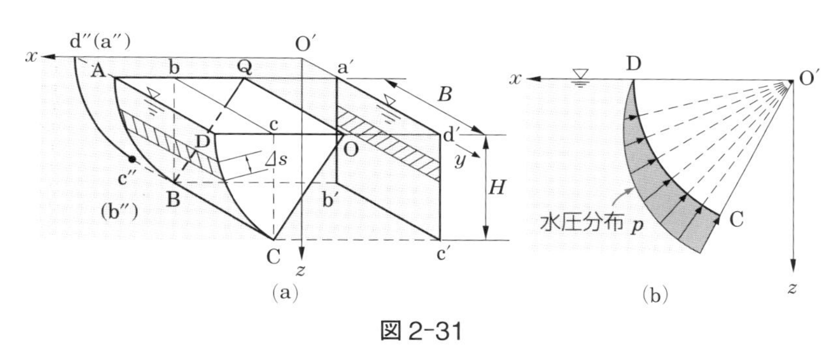

図 2-31

図 2-32(a)に示す幅 Δs の帯状の微小面積 $B\Delta s$ に作用するすべての水圧 ΔP は，微小面積にいたる水深を H とすれば，$\Delta P = \rho gHB\Delta s$ となる。

微小面積が水平となす角度を θ とすれば，水平分力 ΔP_x，鉛直分力 ΔP_z は，次のようになる。

$$\Delta P_x = \rho gHB\Delta s \sin\theta$$

$$\Delta P_z = \rho gHB\Delta s \cos\theta$$

曲面 DC(AB)全体に作用する全水圧の水平分力 P_x，鉛直分力 P_z は，微小面積に働くそれぞれの分力の総和であるから，次式のようになる。

[1] spillway；
ダムにおいて，適正な水位を超えたときに，余剰となった水を放流するための設備。

[2] radial gate；
断面が円弧形で，回転軸を中心にゲートを上下させる構造。テンターゲートともいう。

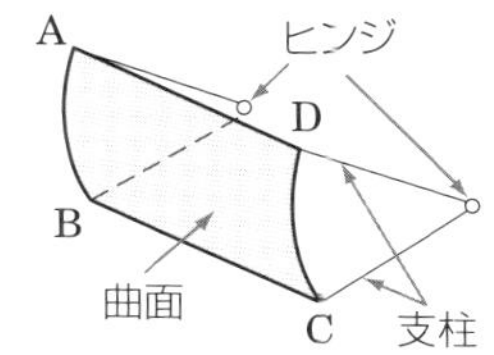

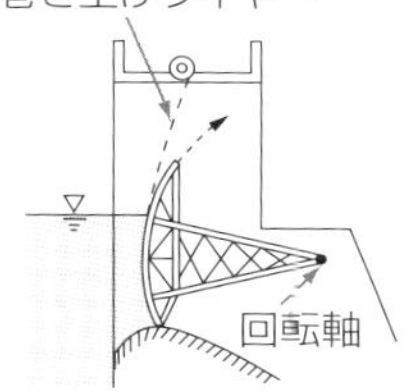

図 2-30
ラジアルゲート

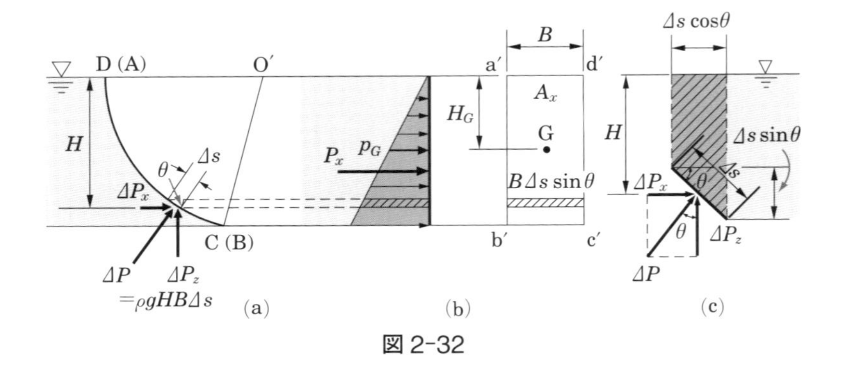

図 2-32

$$\left.\begin{aligned} \boldsymbol{P_x} &= \sum_A \rho \boldsymbol{gHB\varDelta s} \sin\theta = \rho \boldsymbol{gB} \sum_A \boldsymbol{H\varDelta s} \sin\theta \\ \boldsymbol{P_z} &= \sum_A \rho \boldsymbol{gHB\varDelta s} \cos\theta = \rho \boldsymbol{gB} \sum_A \boldsymbol{H\varDelta s} \cos\theta \end{aligned}\right\} \quad (2\text{-}25)$$

図 2-32(b)のように，曲面を水平方向に投影した a′b′c′d′ の面積を A_x，その図心までの水深を H_G とすれば，

$$B\sum_A H\varDelta s \sin\theta = H_G A_x$$

5

$$\boldsymbol{P_x} = \rho \boldsymbol{gB} \sum_A \boldsymbol{H\varDelta s} \sin\theta = \rho \boldsymbol{gH_G A_x} \quad (2\text{-}26)$$

また，図(c)に示すように，$HB\varDelta s \cos\theta$ は，微小面積 $B\varDelta s$ を底面とする高さ H の水柱の体積である。

したがって，$B\sum_A H\varDelta s \cos\theta$ は曲面 DC(AB)を底面とし，水面までの高さをもつ水柱の体積となる。この体積を V とすれば，

10

$$\boldsymbol{P_z} = \rho \boldsymbol{gB} \sum_A \boldsymbol{H\varDelta s} \cos\theta = \rho \boldsymbol{gV} \quad (2\text{-}27)$$

P_x の作用線は，鉛直平面に作用する水圧の場合と同様であり，P_z の作用線は，上に述べた水柱の重心を通る鉛直線である。

したがって，全水圧 P は，図 2-33 のように，P_x と P_z の和であり，次式から求められる。

15

$$\boldsymbol{P} = \sqrt{\boldsymbol{P_x}^2 + \boldsymbol{P_z}^2} \quad (2\text{-}28)$$

P の作用線は，P_x の作用線と P_z の作用線との交点 T と回転軸 O を結ぶ直線となる[❶]。また，その水平面となす角を β とすれば，

$$\tan\beta = \frac{\boldsymbol{P_z}}{\boldsymbol{P_x}} \quad (2\text{-}29)$$

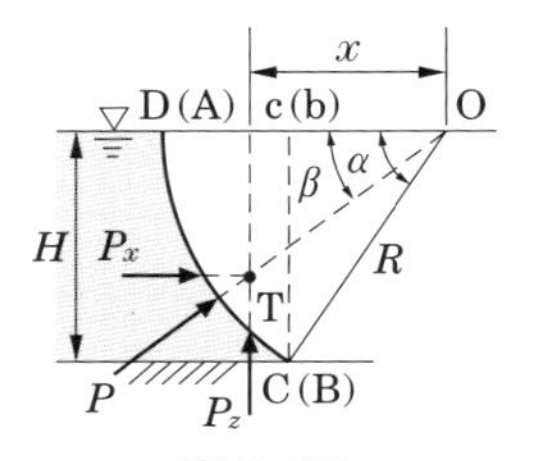

図 2-33

❶曲面は円筒面であるから，曲面上に働く水圧はすべて円筒の中心軸に向かう。したがって，図において，全水圧は必ず点 O を通る。

例題 10

図 2-34(a)のように，ラジアルゲートで水路をせき止めたとき，ゲートに加わる全水圧 P および P_x，P_z の作用点の位置を求めよ。

ただし，半径 $R = 5$ m，$\alpha = 60°$，ゲートの幅 $B = 6$ m とする。

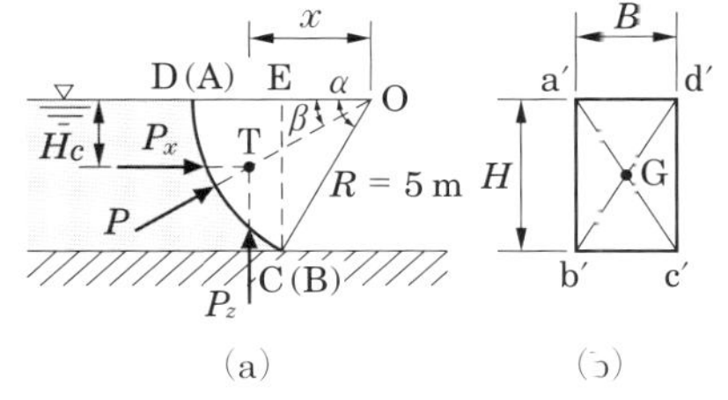

図 2-34

解答

水平分力 P_x は，図(b)のように，曲面 DC(AB)を水平方向に投影した長方形 a′ b′ c′ d′ に作用する全水圧に等しい。

$$H = R\sin\alpha = 5\sin 60° = 4.33 \text{ m}$$

$$H_G = \frac{H}{2} = \frac{4.33}{2} = 2.17 \text{ m}$$

式(2-26)から，水平分力 P_x は，

$P_x = \rho g H_G A_x = 1000 \times 9.8 \times 2.17 \times 6 \times 4.33 = 552$ kN

次に，曲面 DC(AB)を底面とする水面までの水柱の体積は，

$$\begin{aligned} V &= (\text{扇形 DCO} - \text{三角形 ECO}) \times B \\ &= \left(\pi R^2 \times \frac{\alpha}{360°} - \frac{R\sin\alpha \times R\cos\alpha}{2}\right) \times B \\ &= \left(\pi \times 5^2 \times \frac{60°}{360°} - \frac{5 \times \sin 60° \times 5 \times \cos 60°}{2}\right) \times 6 \\ &= (13.09 - 5.41) \times 6 = 46.1 \text{ m}^3 \end{aligned}$$

鉛直分力 P_z は，式(2-27)から，

$P_z = \rho g V = 1000 \times 9.8 \times 46.1 = 452 \times 10^3 \text{ N} = 452$ kN

全水圧 P は，式(2-28)から，次のようになる。

$$P = \sqrt{P_x^2 + P_z^2} = \sqrt{552^2 + 452^2} = \mathbf{713\ kN}$$

P_x の作用点 H_C は，式(2-14)から，

$$H_C = \frac{2}{3}H = \frac{2}{3} \times 4.33 = 2.89 \text{ m}$$

図(a)において，全水圧 P の作用線は必ず点 O を通るから，P の点 O に関するモーメントは 0 となる。

したがって，P_x，P_z の点 O に関するモーメントの和も 0 でなければならないから，

$$P_z x - P_x H_C = 0$$

$$452 \times x - 552 \times 2.89 = 0$$

ゆえに，$x =$ **3.53 m**

このことから，全水圧 P の作用線は，点 O の左 3.53 m で，水面から 2.89 m 下の点 T と点 O を結ぶ直線であり，その水平面となす角 β を求めると，次のとおりである。

$\tan\beta = \dfrac{P_z}{P_x} = \dfrac{452}{552} = 0.819$　ゆえに，$\beta =$ **39° 19′**

4 浮力と浮体

1 アルキメデスの原理

図 2-35 のように，直方体を水中に入れ，上面・下面の水深を H_1，H_2，それらの面積を A としたときの静水圧の釣合いを考えよう。

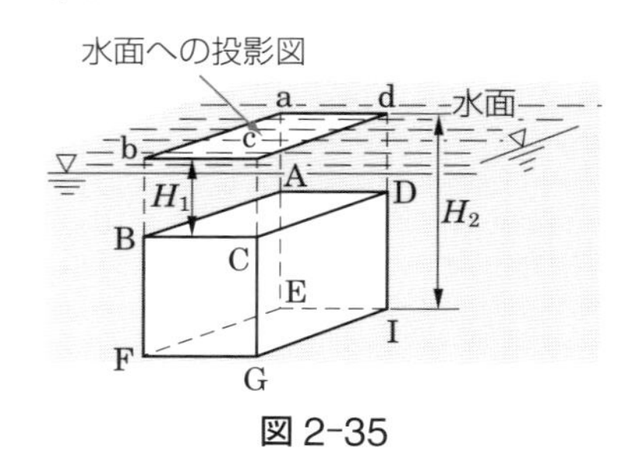

図 2-35

圧力は，面に対して垂直に作用するが，側面に加わる圧力は打ち消しあうから，鉛直方向の力だけを考えればよい。直方体の下面 EFGI の上にある水柱の体積を V_2 とすれば，下面に作用する上向きの全水圧 P_2 は，$P_2 = \rho g H_2 A = \rho g V_2$ となる。また，上面 ABCD の上にある水柱の体積を V_1 とすれば，上面に作用する下向きの全水圧 P_1 は，$P_1 = \rho g H_1 A = \rho g V_1$ となる。次に，直方体に作用する全水圧 P は，

$$P = P_2 - P_1 = \rho g V_2 - \rho g V_1 = \rho g (V_2 - V_1)$$

$V_2 - V_1$ は，直方体の体積 V である。したがって，体積 V の直方体全体に作用する上向きの力は $\rho g V$ となり，これが**浮力**[1]となる。また，浮力の作用点は，物体の水中部分の図心で，これを浮力中心または**浮心**[2]という。

以上のことから，**液体中にある物体は，それが排除した液体に働く重力の大きさと等しい力で上方に押し上げられる。これをアルキメデス**[3]**の原理**という。

❶buoyancy

❷center of buoyancy

❸Archimedes

2 浮体

物体を液体の中に入れたとき，液面に浮かぶもの，液中で浮上も沈みもしないもの，底に沈むものの三通りとなるが，前二者を**浮体**[4]という。物体に働く重力の大きさを W，浮力を B とすれば，次の関係がなりたつ。

❹floating body

① $W = B$ ならば，物体は釣り合って静止する。

② $W > B$ ならば，物体は鉛直下方に沈む。

③ $W < B$ ならば，物体は鉛直上方に浮上する。

なお，③の場合，物体が浮上すると，水面下の体積が減少して，

浮力が小さくなり，やがて $W = B$ となり，物体は静止する。

このように，物体の一部あるいは全部が液体中で静止しているときには，物体に働く重力の大きさ W と浮力 B が等しい状態を保っている。

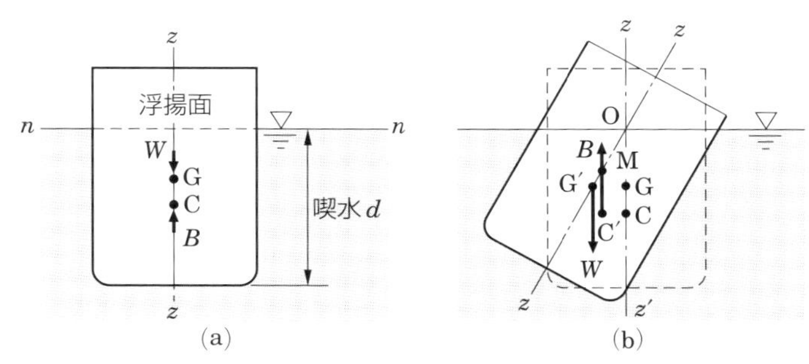

図 2-36　釣合い

いま，図 2-36 の状態で $W = B$ となったとすると，浮体が水面 n-n によって切られる仮想断面を**浮揚面**❶といい，浮揚面から浮体の最も深い点までの水深を**喫水**（きっすい）❷という。

浮体が静止状態にあるとき，物体に働く重力の大きさ W と浮力 B の作用線は同一鉛直線上にあるが，浮体が外力を受けて，点 O を軸として傾斜すると，浮体の重心は G から G′ へ，浮心は C から C′ へ移動し，W と B は同一鉛直線上になくなる。そのため，物体に働く重力と浮力が偶力となり，この偶力が浮体の傾斜をもとに戻す方向に働くとき，これを**復元力**❸という。

C′ を通る鉛直線と，傾斜した浮体の中心線 z-z との交点を**メタセンター**❹といい，M で表す。G′M を**メタセンター高**という。図 2-37(a)のように，重心 G，G′ が低く，M が G′ の上にあるときは復元力が働き，浮体は安定である。図(b)のように，重心 G，G′ が高く，M が G′ の下にあるときは，偶力は浮体の傾斜をますます大きくする方向に働き，浮体を転倒させようとするから不安定である。図

❶plane of floatation

❷draft

❸righting moment

❹metacenter

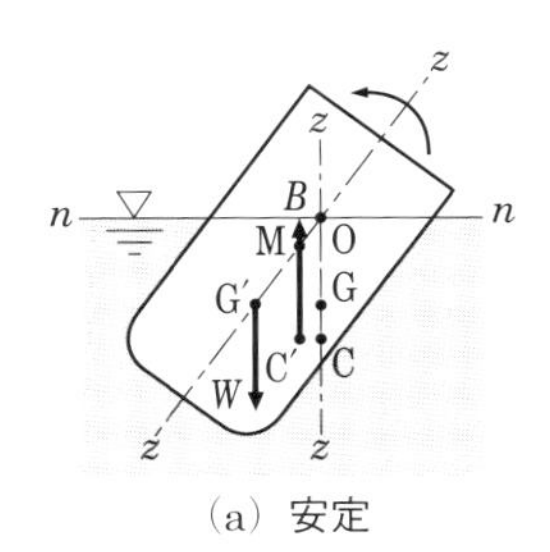

(a) 安定

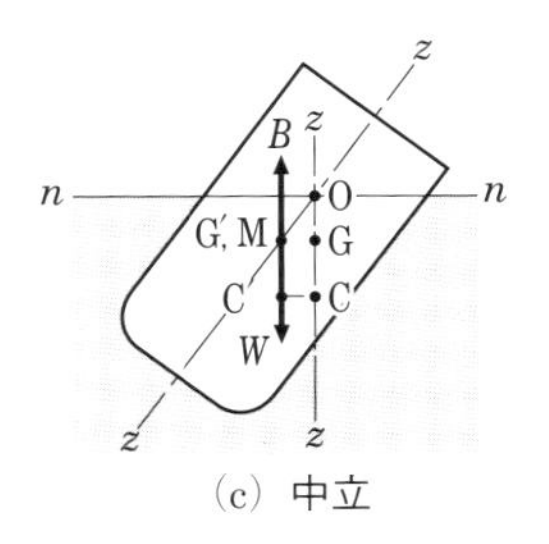

(b) 不安定

(c) 中立

図 2-37　安定の条件

2-37(c)のように，G′とMが一致したときは，傾いたままで静止し，中立の状態になる。以上のことから，浮体の安定の条件は，MとG′の位置関係を調べればよい。

浮体のメタセンター高$\overline{\mathrm{G'M}}$は，次式から求めることができる。

$$\overline{\mathbf{G'M}} = \frac{\boldsymbol{I_y}}{\boldsymbol{V}} - \overline{\mathbf{CG}} \qquad (2\text{-}30)$$

$\overline{\mathrm{G'M}}$：メタセンター高　V：水面下にある浮体の体積，
I_y：浮揚面のOy軸(図2-38参照)に関する断面二次モーメント，
$\overline{\mathrm{CG}}$：浮体が静止の位置にあるときの浮力中心と重心の距離

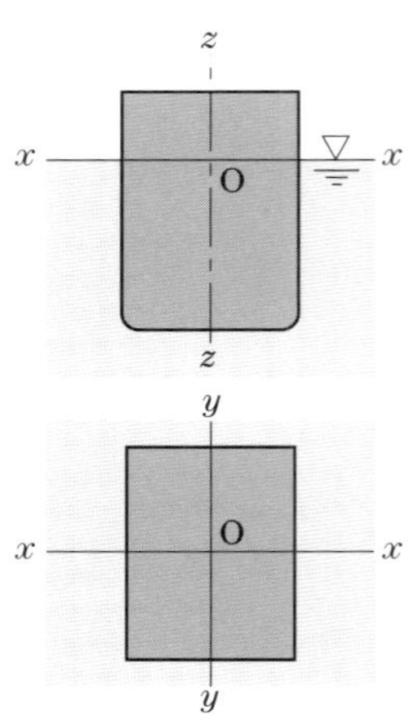

図2-38　浮体の安定

MがG′より上にあるとき，すなわち$\overline{\mathrm{G'M}} > 0$では，浮体に復元力が働き安定である。MがG′より下にあるとき，すなわち$\overline{\mathrm{G'M}} < 0$では，偶力は転倒させる方向に働き，浮体は不安定である。

例題 11　断面の1辺が20 cmの正方形で，長さが3 mのすぎの角材を図2-39のように水に浮かべるとき，その喫水はいくらか。

ただし，すぎの密度は550 kg/m³とする。

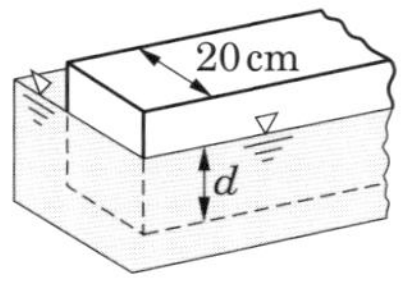

20 cm
d

図2-39

解答　角材に働く重力の大きさWは，

$W = 550 \times 9.8 \times 0.2 \times 0.2 \times 3 = 647$ N

浮力Bは，浮体の水中部分の体積と等量の水に働く重力の大きさであるから，喫水をdとすれば，

$B = 1000 \times 9.8 \times 0.2 \times 3 \times d = 5880d$ N

$W = B$から，$5880d = 647$

ゆえに，喫水dは，$d = 0.110$ m $=$ **11 cm**となる。

例題 12　図2-40のような長さ12 m，幅10 m，高さ8 m，底および側壁の厚さ40 cmの中空の鉄筋コンクリートケーソン❶を，海面に浮かべるとき，その喫水はいくらになるか。また，その安定を調べよ。

ただし，鉄筋コンクリートの密度を2500 kg/m³，海水の密度を1025 kg/m³とする。

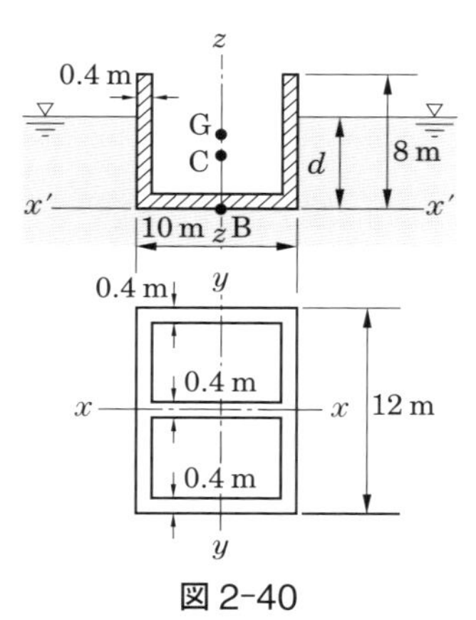

図2-40

❶ふたのない空どうのコンクリートの箱で，浮力により海面に浮かぶ。図2-41は，橋脚工事で，ケーソンを運び，設置しているところ。

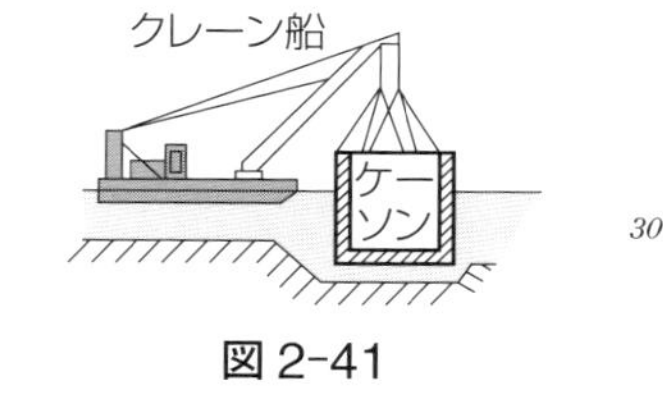

図2-41

解答

ケーソンに働く重力の大きさ W は,

$$W = 2500 \times 9.8 \times (12 \times 10 \times 8 - 10.8 \times 9.2 \times 7.6)$$
$$= 5.02 \times 10^6\ \mathrm{N} = 5.02\ \mathrm{MN}$$

喫水を d とすると, 浮力 B は,

$$B = 1025 \times 9.8 \times 12 \times 10 \times d$$
$$= 1.21\,d \times 10^6\ \mathrm{N} = 1.21\,d\ \mathrm{MN}$$

$B = W$ であるから, $1.21\,d = 5.02$

ゆえに, $d = \dfrac{5.02}{1.21} = \mathbf{4.15\ m}$

底から重心 G までの高さを求めるには, 図 2-40 の x-x 軸のまわりの力のモーメントを考えて,

$$W \times \overline{\mathrm{BG}} = 2500 \times 9.8 \times \left\{12 \times 10 \times 8 \times \frac{8}{2} - 10.8 \times 9.2 \times 7.6 \times \left(0.4 + \frac{7.6}{2}\right)\right\}$$

$$= 2500 \times 9.8 \times (3840 - 3172) = 16.4 \times 10^6\ \mathrm{N \cdot m} = 16.4\ \mathrm{MN \cdot m}$$

ゆえに, $\overline{\mathrm{BG}} = \dfrac{16.4}{5.02} = 3.27\ \mathrm{m}$

浮力中心までの高さ, $\overline{\mathrm{BC}} = \dfrac{4.15}{2} = 2.08\ \mathrm{m}$

$$\overline{\mathrm{CG}} = \overline{\mathrm{BG}} - \overline{\mathrm{BC}} = 3.27 - 2.08 = 1.19\ \mathrm{m}$$

また, $I_y = \dfrac{bh^3}{12} = \dfrac{12 \times 10^3}{12} = 1000\ \mathrm{m}^4$, $V = 12 \times 10 \times 4.15 = 498\ \mathrm{m}^3$

$$\overline{\mathrm{G'M}} = \frac{I_y}{V} - \overline{\mathrm{CG}} = \frac{1000}{498} - 1.19 = \mathbf{0.818\ m > 0}$$

ゆえに, **安定**である。

問 8 浮桟橋をつくるため, 図 2-42 のような鉄製の**ポンツーン**[1](高さ 1 m, 幅 4 m, 長さ 10 m)をつくった。屋根をつけたため, 質量は 14.3 t となった。荷物や人が積載されていない場合の喫水を求めよ。また, 喫水が 60 cm になるためには, どれだけの荷物を積載できるか。ただし, 海に浮かべるものとし, 海水の密度を 1025 kg/m³ とする。

問 9 長さ 1 m, 一辺が a の正方形断面をもった角材を, 図 2-43 のように水に浮かべるとき, これが安定であるためには a の寸法をいくらにすればよいか。ただし, 木材の密度を 620 kg/m³ とする。

[1] pontoon : 浮桟橋を支える箱船で, 海の岸に箱船を浮かして水の増減に従って自在に上下するようにしたもの。

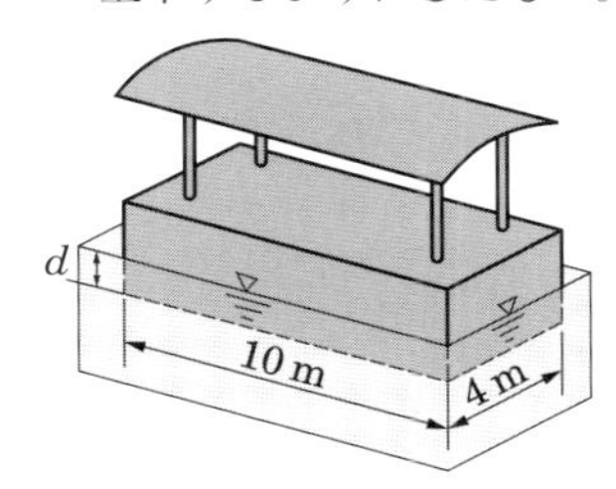

図 2-42 ポンツーン

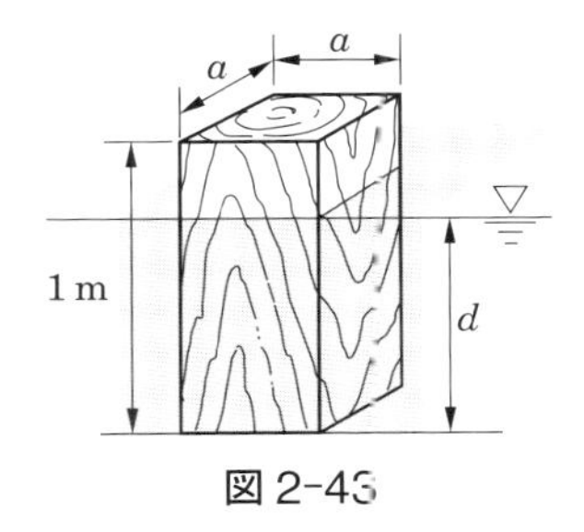

図 2-43

第2章　章末問題

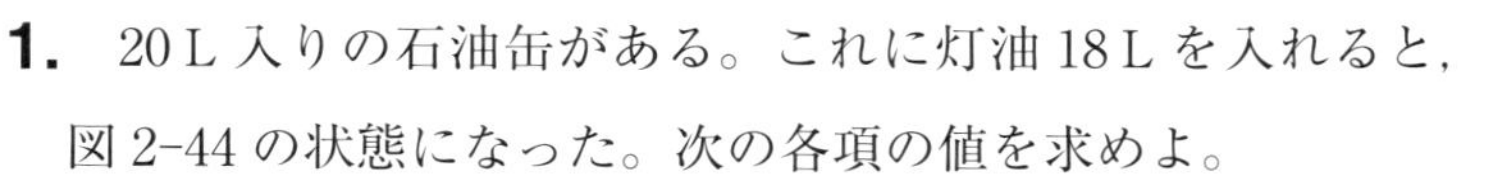

1. 20 L 入りの石油缶がある。これに灯油 18 L を入れると，図 2-44 の状態になった。次の各項の値を求めよ。

ただし，灯油の密度を 830 kg/m³ とする。

(a)　石油缶の底面に作用する圧力および全油圧を求めよ。

(b)　石油缶に働く重力の大きさを 15 N とすると，全体に働く重力の大きさはいくらか。

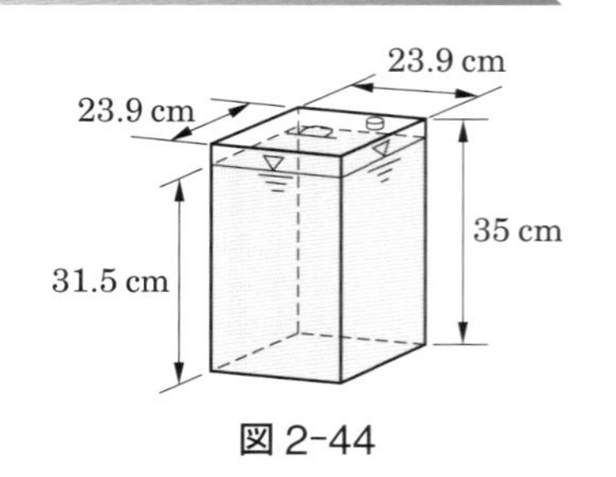

図 2-44

2. 図 2-45 の水圧機において，直径 15 cm の供試体に，1.96 MPa の圧力を加えるためには，B にいくらの力が必要か。

ただし，ピストン A，B の直径を 30 cm，15 cm とする。

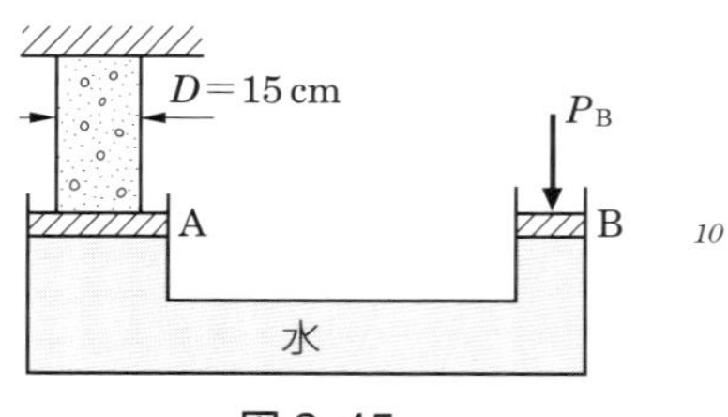

図 2-45

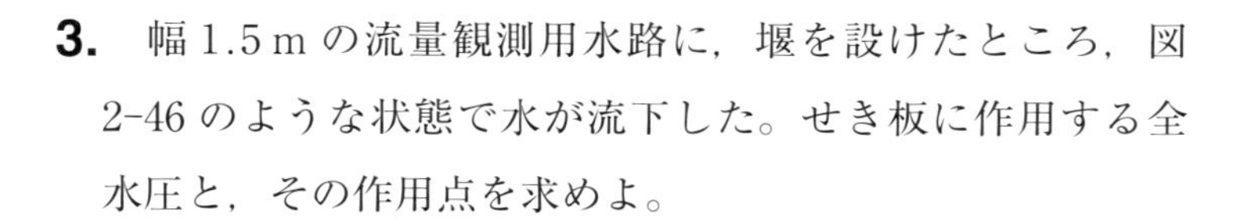

3. 幅 1.5 m の流量観測用水路に，堰を設けたところ，図 2-46 のような状態で水が流下した。せき板に作用する全水圧と，その作用点を求めよ。

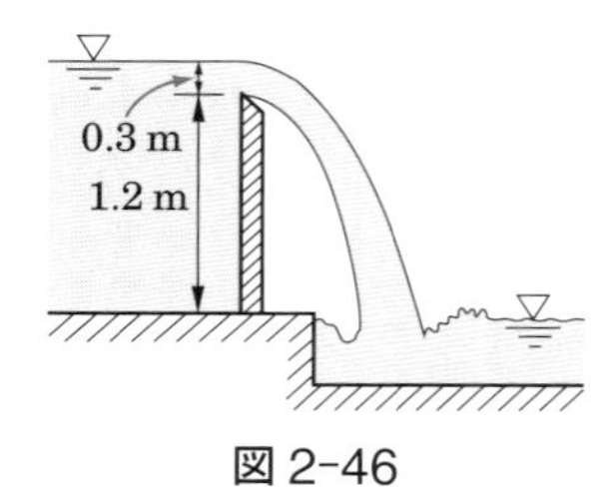

図 2-46

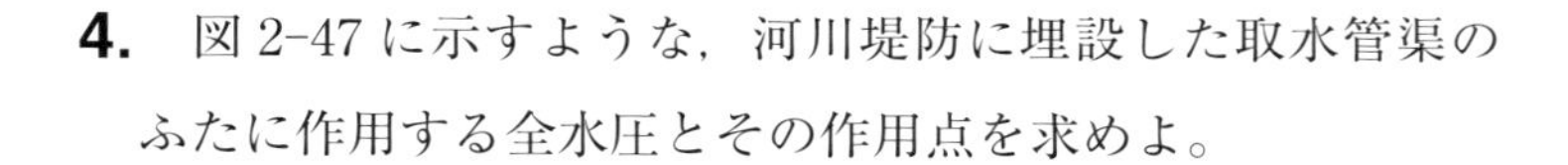

4. 図 2-47 に示すような，河川堤防に埋設した取水管渠のふたに作用する全水圧とその作用点を求めよ。

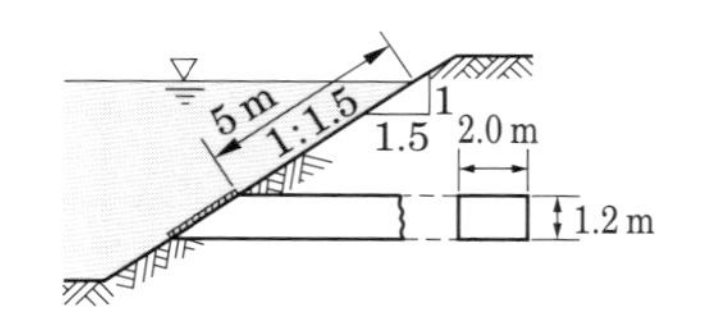

図 2-47

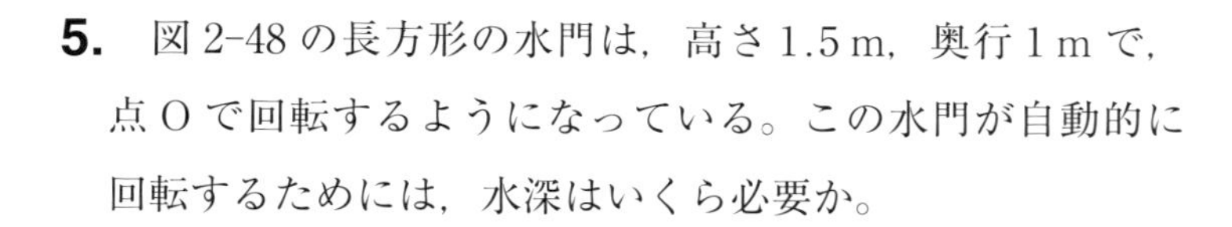

5. 図 2-48 の長方形の水門は，高さ 1.5 m，奥行 1 m で，点 O で回転するようになっている。この水門が自動的に回転するためには，水深はいくら必要か。

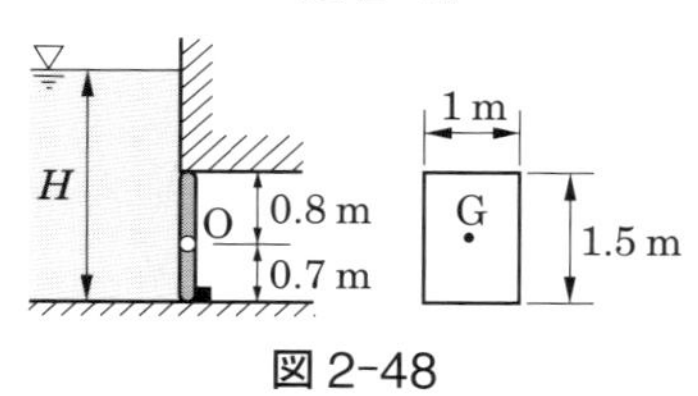

図 2-48

6. 図 2-49 のようなラジアルゲートの幅 1 m あたりに作用する全水圧と，その作用点の位置を求めよ。

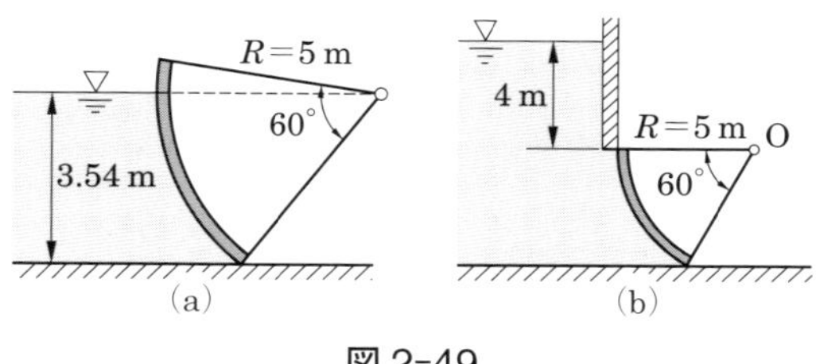

図 2-49

第3章

水の流れ

ゲート（天竜川の水源（諏訪湖）にある釜口水門：長野県）

水の粒子がたがいに接しながら連続的に運動することを，水の流れという。水の流れの原因となるおもな力は，重力と圧力である。

水が流れるとき，水の粘性により水粒子相互の間や水路の壁と水粒子の間に摩擦力が作用し，エネルギーの損失を生じる。

●流速や流量はどのようにして求めるのだろうか。
●連続の式やベルヌーイの定理とは，どのようなものなのだろうか。
●摩擦損失水頭はどのようにして求めるのだろうか。また，平均流速公式にはどのようなものがあるのだろうか。
●ベンチュリ計，ピトー管，オリフィス，ゲート，堰（せき）とは何だろうか。
●運動量の方程式を使って流れの力を求めるには，どうすればよいのだろうか。

1 流速と流量

水の流れの方向に垂直な横断面を水路断面といい，そのうち流水の占める面積を**流水断面積**または**流積**❶ A という。図 3-1 のように，水路断面の周辺のうち，水に接する部分を**潤辺**(じゅんぺん)❷ S，流積を潤辺の長さで割ったものを**径深**(けいしん)❸ R といい，次式で表される。

❶flow area
❷wetted perimeter
❸hydraulic radius

$$R = \frac{A}{S} \tag{3-1}$$

また，図 3-2 のように，流積内のある点を通る水粒子の速度をその点における**流速**❹ v_i という。

❹velocity of flow

流速はふつう流積内の各点で異なるが，一般には，流積内の**平均流速**❺ v を用いることが多い。

❺mean flow velocity

図 3-3 のように単位時間内に流積を通過する水の量を**流量**❻ Q という。

❻discharge

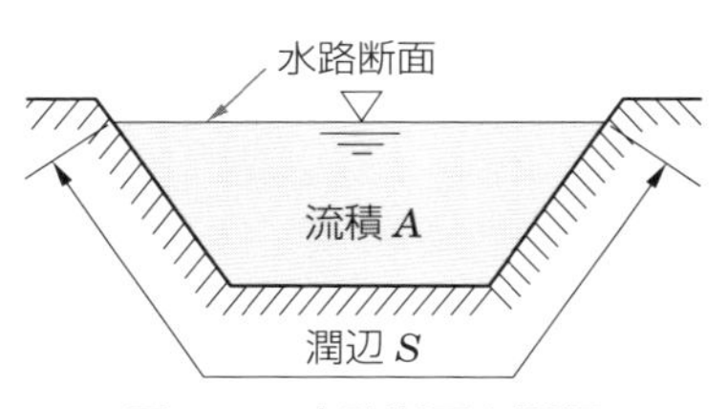

図 3-1　水路断面と潤辺

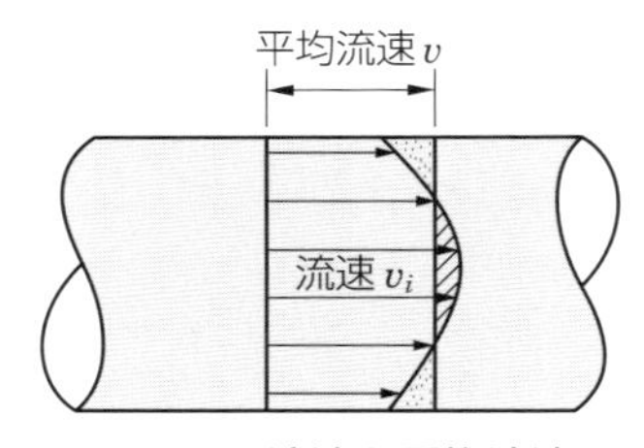

図 3-2　流速と平均流速

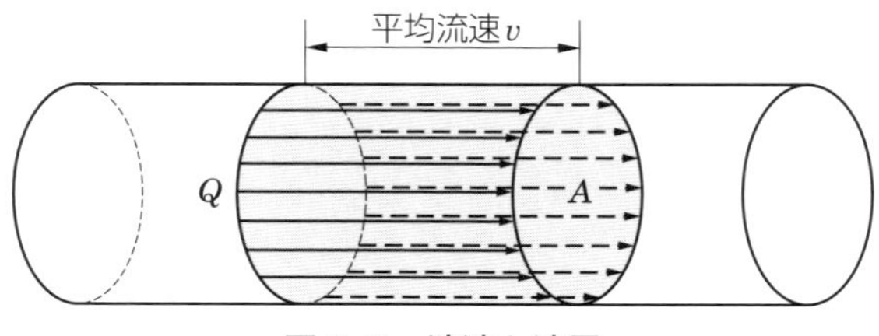

図 3-3　流速と流量

流積 A，平均流速 v，流量 Q の間の関係は，次式で示される。

$$Q = Av, \quad v = \frac{Q}{A} \tag{3-2}$$ ❼

❼流量の計算においては，平均流速のことを，たんに流速とよぶことも多い。

主として，流積には m^2，cm^2，流速には m/s，cm/s，流量には m^3/s，L/s の単位を用いる。

図 3-4 の水路の水路断面，流積，潤辺，径深を求めよ。

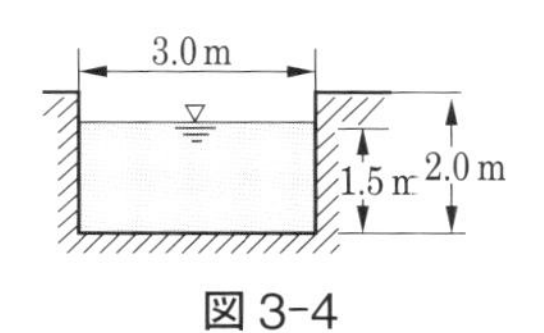

図 3-4

水路断面 $= 3.0 \times 2.0 = \mathbf{6.0\ m^2}$，流積 $A = 3.0 \times 1.5 = \mathbf{4.5\ m^2}$，

潤辺 $S = 3.0 + 2 \times 1.5 = \mathbf{6.0\,m}$，径深 $R = \dfrac{A}{S} = \dfrac{4.5}{6.0} = \mathbf{0.75\,m}$

内径 200 mm の管の中を，平均流速 0.5 m/s で水が充満して流れているときの流量を求めよ。

内径 D = 200 mm = 0.2 m

流積 $A = \dfrac{\pi \times 0.2^2}{4} = 0.0314\ \mathrm{m^2}$ であるから，

流量 $Q = Av = 0.0314 \times 0.5 = 0.0157\ \mathrm{m^3/s} = \mathbf{15.7\ L/s}$

内径 13 mm の給水栓を全開して，容量 10 L のバケツに満水するのに38秒かかった。給水管内の平均流速を求めよ。

容積 V = 10 L = 10000 $\mathrm{cm^3}$

流量 $Q = \dfrac{V}{t} = \dfrac{10000}{38} = 263\ \mathrm{cm^3/s}$

内径 D = 13 mm = 1.3 cm，流積 $A = \dfrac{\pi \times 1.3^2}{4} = 1.33\ \mathrm{cm^2}$

式(3-2)から，

平均流速 $v = \dfrac{Q}{A} = \dfrac{263}{1.33} = 198\ \mathrm{cm/s} = \mathbf{1.98\ m/s}$

問 1 図 3-5 のような水路の潤辺と径深を求めよ。また，水路内を流れる水の平均流速が 2.5 m/s のとき，流量はいくらになるか。

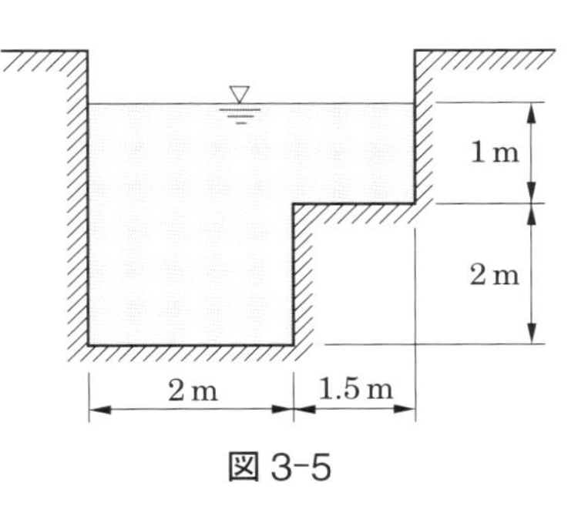

図 3-5

問 2 図 3-6 に示す断面の潤辺と径深を求めよ。また，流量 Q = 7 $\mathrm{m^3/s}$ の水が流れているときの平均流速を求めよ。

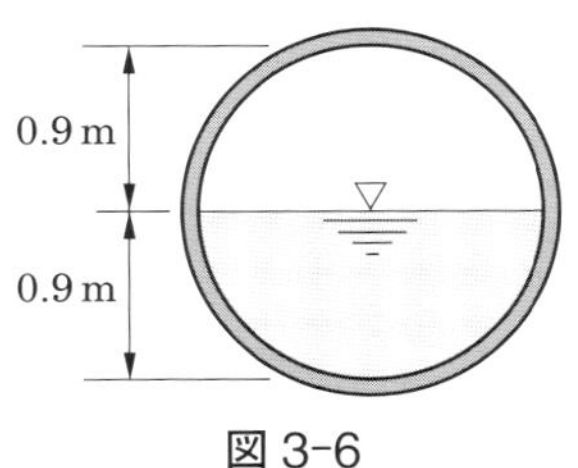

図 3-6

2 流れの種類

1 管水路と開水路

上水道管や水力発電用の水圧管のように，固体の壁で囲まれた管の中を図 3-7(a)のように，水が充満して流れる場合を**管水路の流れ**❶という。管水路の流れは，管内の水に圧力が加わっており，主として圧力差によって流れるのが特徴である。

また，図(b)の河川や用水路のように，大気に接する**自由水面**❷をもつ水路の流れを**開水路の流れ**❸という。断面が管状をしていても，水が充満しないで自由水面をもつ場合は，水理上は開水路の流れである。開水路の流れは，主として水に作用する重力に支配されるのが特徴である。

❶p. 80 参照。

❷自由表面ともいう。p. 8 参照。

❸p. 110 参照。

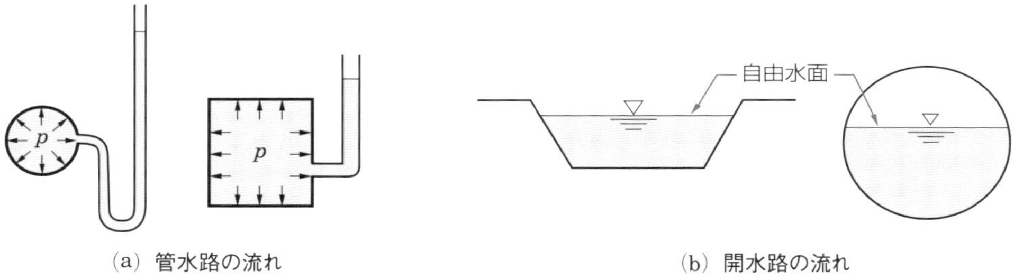

(a) 管水路の流れ　　(b) 開水路の流れ

図 3-7　管水路と開水路

2 定常流と非定常流

水の流れの状態は，時間や場所によって変わる場合が多い。

流れを時間的にみると，水流のなかの一つの断面に注目して観察するとき，流量が時間の経過とは無関係に変わらない流れを**定常流**❹といい，時間の経過とともに，これらが変わる流れを**非定常流**❺という。

河川の平常時の流れは，厳密には，定常流とはいえないが，かなり長い時間にわたって，流量がほとんど変わらない場合には，定常流とみなしてよく，洪(こう)水時の河川の流れは，刻々と流量が変わるので非定常流である❻。

❹steady flow

❺unsteady flow

❻本書では，水の流れの基礎として定常流だけを取り扱う。

3 等流と不等流

次に，流れを場所的にみると，定常流の一つの流れに注目するとき，人工水路のように，流積・断面形状や流速がどの断面においても一定であるような流れを**等流**❶といい，場所によってこれらが変わる流れを**不等流**❷という。

等流は，管水路においては，断面の形状，管径が一定で，水路が直線の場合に生じる流れであり，開水路においては，断面の形状，流積，水路の勾配が全長にわたって一様な場合に生じる流れである。したがって，現実には，このような流れは存在しないといえるが，管水路・開水路ともに流積・勾配・流速の変化の少ない区間については，等流として近似的に取り扱ってさしつかえない場合が多い❸。

なお，水の流れの種類とそのおもな例を，表 3-1 に示す。

❶uniform flow；p. 112 参照。
❷non-uniform flow
❸本書では，等流について学ぶ。

表 3-1　水の流れの種類

水の流れの種類		水の流れの状態
時間的な分類	場所的な分類	
定常流（Q＝一定）	等流	流量が一定で，管水路・開水路とも，どの断面も断面形状・流積・流速が一定な流れ
	不等流	流量が一定で，管水路・開水路の断面形状・流積・流速が場所によって変化する流れ
非定常流（Q≠一定）	不等流	場所・時間によって，流量・断面形状・流積が変化する流れ

4 層流と乱流

水の流れを水粒子の配列の状態によって考えてみる。図 3-8(a) のように，水粒子が水路の軸線と平行に層状をなして整然と流れる状態を**層流**❹といい，これに対して図(b)のように水粒子がたがいに入り混ざって渦を巻いて流れる状態を**乱流**❺という。

❹laminar flow
❺turbulent flow

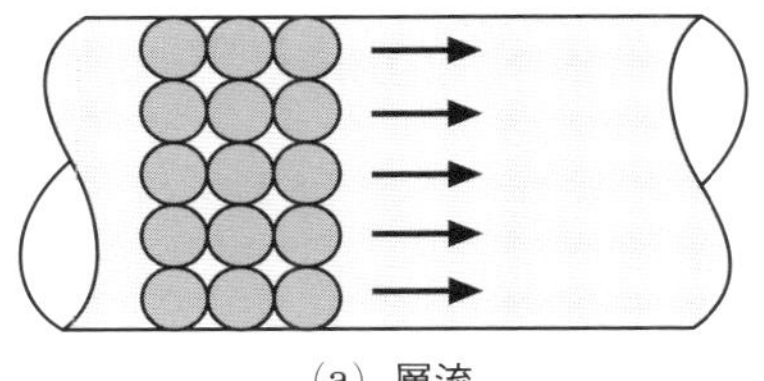
(a) 層流

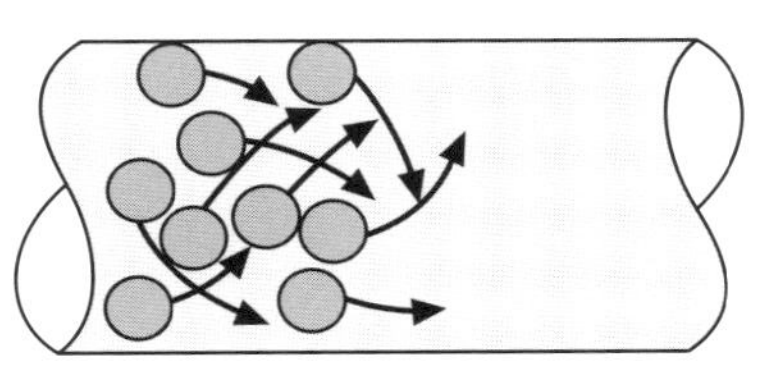
(b) 乱流

図 3-8　層流と乱流

層流と乱流は，**レイノルズ数**[1] Re という無次元の数値によって判定することができる。レイノルズ数は，次式で求められる。

$$\text{(一般形)}\quad \boldsymbol{Re} = \frac{4\boldsymbol{Rv}}{\nu}, \qquad \text{(円管)}\quad \boldsymbol{Re} = \frac{\boldsymbol{Dv}}{\nu} \qquad (3\text{-}3)$$

R：径深［m］，v：断面の平均流速［m/s］，
D：管の内径［m］，ν：水の動粘性係数［m^2/s］[2]

上式から，レイノルズ数 Re は，径深 R・管の内径 D に比例し，水の動粘性係数 ν に反比例する。

層流から乱流へ，また乱流から層流へ移るときのレイノルズ数を**限界レイノルズ数**[3]という。限界レイノルズ数は，一定値ではなく，実験の状況によって異なった値となり，多くの実験結果を総合すると，次の通りとなる。

$Re \leqq 2000$ のときは，層流
$2000 < Re < 4000$ のときは，層流にも乱流にもなり得る過渡状態
$4000 \leqq Re$ のときは，乱流[4]

❶Reynolds number

❷p. 10 参照。
水温が高くなるほど，水の動粘性係数 ν は小さくなる。

❸critical Reynolds number：
臨界レイノルズ数ともいう。

❹一般の流れは，ほとんどの場合，$Re > 4000$ となるので，乱流と考えてよい。

❺Osborne Reynolds

レイノルズの実験

水道技術者である**オズボーン・レイノルズ**[5]（1842〜1912）は，ある流速を境に圧力差（損失水頭）が急に上昇し，給水量が計算を下回る原因を調べるために，次の実験を行った。

図 3-9(a)のように，水槽内の水をガラス管を通して流出させ，下流に設けたコックで流量を調節できるようにする。さらに，ガラス管の入口に別の細い管を導き，この細管からは水と同じ密度の着色液をガラス管内に流し込めるようにする。

はじめコックの開きがわずかで，ガラス管内の流速が小さなときに着色液のコックを少し開くと，図(b)のように，着色液は管の軸線に平行に明確な直線を描いて流れる。しだいにコックの開きを大きくし，ガラス管内の流速がある値に達すると，着色液の線は波を打ちはじめ，さらに流速をますと，図(c)のように，着色液は明確な線とはならないで渦（うず）を巻く状態となる。

この実験を通して彼は，層流・乱流の二つの流れや損失水頭の構造を初めて明らかにし，レイノルズ数を示した。

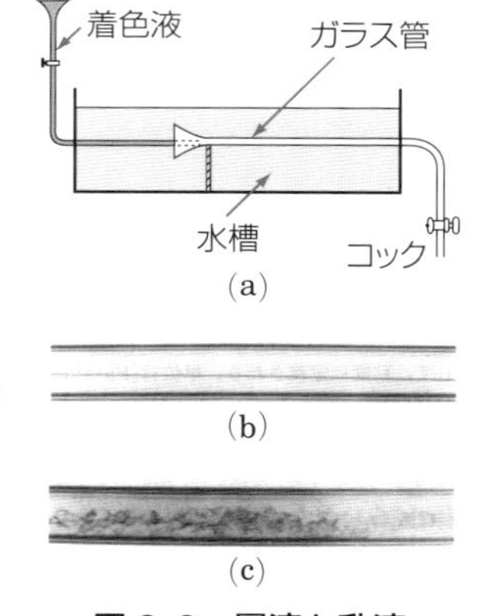

図 3-9　層流と乱流

問 3　管の内径 5 cm，流速 1.0 m/s で管内の水が流れるときのレイノルズ数を求めよ。
ただし，動粘性係数は $\nu = 1.15 \times 10^{-6}\ m^2/s$ とする。

5 常流と射流

図 3-10 のように，開水路の流れでは，水面に生じる波の伝わり方によって，2 種類の流れに分けられる。水深が限界水深❶より大きくて流速が限界流速❷よりも小さく，波が上流および下流のどちらにも伝わる流れを**常流**❸といい，これとは逆に水深が限界水深よりも小さくて流速が限界流速よりも大きく，波が下流にしか伝わらない流れを**射流**❹という。

❶p. 123 参照。

❷p. 123 参照。

❸subcritical flow p. 125 参照。

❹supercritical flow；p. 125 参照。

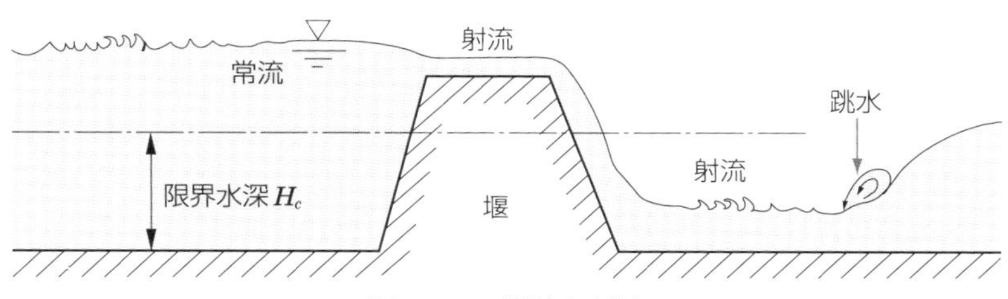

図 3-10　常流と射流

これは，自由水面をもつ開水路の流れに特有の現象で，流量，水路幅，水路の勾配などが複雑にからみあって起こるものである。

一般に，流れは常流の場合が多いが，勾配がひじょうに急な水路，堰の下流面の流れ，図の広頂堰の上を越流する流れ，水門を流出する流れなどは，射流となる場合が多い。

また，射流から常流に移る部分で激しい渦をともない，水面変化が不連続になる。この現象を**跳水**❺という。

❺hydraulic jump；p. 127 参照。

3 流れの連続性

定常流の流れにおいて，水粒子の動いていく道すじを**流線**❶という。いま，水の流れのなかに，図 3-11 のように一つの閉じた曲線を考え，この曲線上の各点を通る流線を描くと，流線で囲まれた仮想上の管ができる。これを**流管**という。水粒子はつねに流線に沿って移動し，ほかの流線を横切って流れることはない。したがって，流管はつねに一定の形を保ち，側面からの水の出入りはなく，固体の壁をもつ管水路と同様に考えることができる。

❶stream line

図の流管において，任意の二つの断面 A_1，A_2 を考え，それらの断面での平均流速をそれぞれ v_1，v_2 とする。水の密度を ρ とすれば，単位時間❷内に断面 A_1 から流入する水の質量は $\rho A_1 v_1$，断面 A_2 から流出する水の質量は $\rho A_2 v_2$ である。A_1，A_2 の 2 断面間にある水の質量は，管壁からの水の出入りがないから一定不変である（**質量保存の法則**❸）。つまり，断面 A_1 から流入する水の質量だけ断面 A_2 から流出しなければならない。

❷第Ⅱ編 水理学の基礎では，単位時間を 1 秒とする場合が多い。

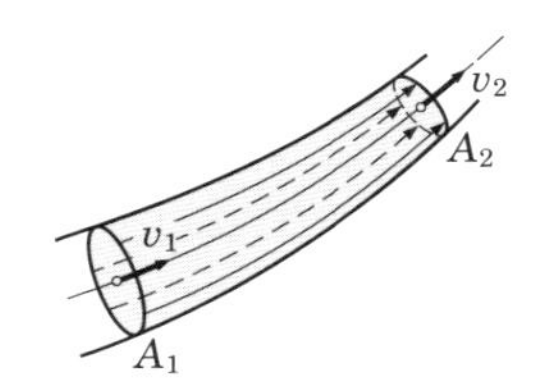

図 3-11　流線と流管

❸law of constancy of mass；
物質の出入りがなければ，物質全体の質量は変わらない。これを質量保存の法則といい，主として化学変化を生じる場合に用いられている。

すなわち，　$\rho A_1 v_1 = \rho A_2 v_2$

ゆえに，

$$\left.\begin{aligned} \boldsymbol{A_1 v_1} &= \boldsymbol{A_2 v_2} \\ \boldsymbol{Av} &= \boldsymbol{Q} = \textbf{一定} \end{aligned}\right\} \qquad (3\text{-}4)$$

質量保存の法則の関係から得られるこの式(3-4)を**連続の式**❹という。式(3-4)からわかるように，断面積（流積）の大きな場所では流速は小さく，断面積の小さな場所では流速は大きい。

❹equation of continuity

例題 4　図 3-12 において断面①を通過する水の流速が 50 cm/s であるとき，断面②の流速を求めよ。また，流量はいくらか。

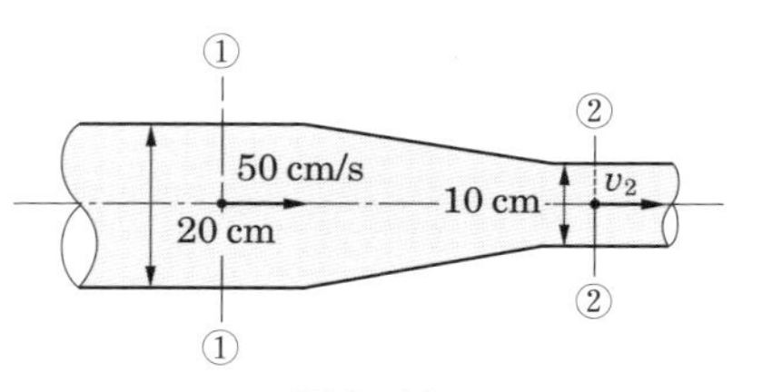

図 3-12

解答

式(3-4)から，

$$A_1 v_1 = A_2 v_2$$

$$\frac{\pi \times 20^2}{4} \times 50 = \frac{\pi \times 10^2}{4} \times v_2,\quad v_2 = \frac{20^2 \times 50}{10^2} = \mathbf{200\ cm/s}$$

$$Q = A_1 v_1 = \frac{\pi \times 20^2}{4} \times 50 = 15700\ \text{cm}^3/\text{s} = \mathbf{15.7\ L/s}$$

4 ベルヌーイの定理

いま，図 3-13 のような定常流の場合の流管の一部を考える。適当に選んだ二つの断面①と②の間にある水について，エネルギーと仕事の関係を調べる。

断面①，②における流積，平均流速および圧力の強さ(同一断面内では一定と考える)を，それぞれ A_1，A_2，v_1，v_2，p_1，p_2 とし，一つの水平面を基準にとって，断面①，②の基準面から流れの中心までの高さを z_1，z_2 とする。

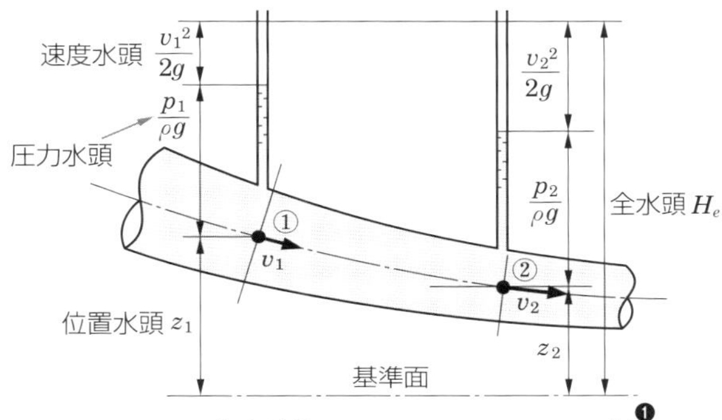

図 3-13　完全流体におけるベルヌーイの定理❶

❶静圧管の水位は，流管内の水に流速がある場合は，静圧管との間に負圧が生じる。この負圧は，水の流速の 2 乗に比例することから，それぞれ図のように $\frac{v_1^2}{2g}$ と $\frac{v_2^2}{2g}$ だけ下がる。

水の密度を ρ とすれば，単位時間内に断面①から流入する水の質量は $\rho A_1 v_1 = \rho Q_1$ であるから，この水がもつ運動エネルギーは $\frac{1}{2}\rho A_1 v_1 v_1^2 = \frac{1}{2}\rho Q_1 v_1^2$ である。また，この水は z_1 の高さに相当する位置エネルギーをもち，その大きさは $\rho A_1 v_1 g z_1 = \rho Q_1 g z_1$ である。さらに，断面①を通る水は $p_1 A_1$ という圧力を受けながら単位時間に $v_1 \times 1$ の距離だけ進むので，このとき圧力によってなされる仕事 $p_1 A_1 v_1 = p_1 Q_1$ は，それだけ水にエネルギーを与えることになる。

断面②から流れ出る水についても，同様に考えることができる。

表 3-2　各断面のエネルギーと仕事

	断面①	断面②
運動エネルギー 1/2 ×(質量)×(速度)^2	$\frac{1}{2}\rho A_1 v_1 v_1^2 = \frac{1}{2}\rho Q_1 v_1^2$	$\frac{1}{2}\rho A_2 v_2 v_2^2 = \frac{1}{2}\rho Q_2 v_2^2$
位置エネルギー (質量)×(重力の加速度)×(高さ)	$\rho A_1 v_1 g z_1 = \rho g Q_1 z_1$	$\rho A_2 v_2 g z_2 = \rho g Q_2 z_2$
圧力によってなされる仕事 (圧力)×(距離)	$p_1 A_1 v_1 = p_1 Q_1$	$p_2 A_2 v_2 = p_2 Q_2$

表3-2は，単位時間における断面①と断面②の運動エネルギー，位置エネルギーと，圧力によってなされる仕事を示したものである。

エネルギーの増加分は，圧力のなされる仕事に等しいため次の(1)式が得られる。

$$\left(\frac{1}{2}\rho Q_2 v_2^2 + \rho g Q_2 z_2\right) - \left(\frac{1}{2}\rho Q_1 v_1^2 + \rho g Q_1 z_1\right) = p_1 Q_1 - p_2 Q_2 \quad (1)$$

(1)式より，次の(2)式が得られる。

$$\frac{1}{2}\rho Q_1 v_1^2 + \rho g Q_1 z_1 + p_1 Q_1 = \frac{1}{2}\rho Q_2 v_2^2 + \rho g Q_2 z_2 + p_2 Q_2 \quad (2)$$

この流管には側面からの水の出入りはなく，摩擦などによるエネルギー損失を無視すれば[1]断面①と②の間にある水のもつエネルギーは，**エネルギー保存の法則**[2]から一定でなければならない。したがって，(2)式は断面①から流入する水のエネルギーと，断面②から流出する水のエネルギーが等しいことを示している。

連続の式から，$Q_1 = Q_2$であり，また，各項に$\frac{1}{\rho g}$を掛けると，(2)式は，次のようになる。

$$\frac{v_1^2}{2g} + z_1 + \frac{p_1}{\rho g} = \frac{v_2^2}{2g} + z_2 + \frac{p_2}{\rho g} \quad (3\text{-}5)$$

はじめに断面①，②は任意に選んだのであるから，式(3-5)の関係は，流管のどの断面をとってもなりたつ。また，断面の大きさには関係がないから，断面をきわめて小さくしたと考えられる一つの流線についてもなりたつことがわかる。すなわち，

$$\frac{v^2}{2g} + z + \frac{p}{\rho g} = H_e = \text{一定} \quad (3\text{-}6)$$

式(3-6)の第1項は水がもつ運動エネルギー，第2項は位置エネルギー，第3項は圧力によるエネルギーに相当するものであって，式(3-6)では，これらの各エネルギーはすべて長さの次元で表されている。したがって，$\frac{v^2}{2g}$を**速度水頭**[3]，zを**位置水頭**[4]，$\frac{p}{\rho g}$を**圧力水頭**[5]，これらの和H_eを**全水頭**[6]という。

式(3-5)あるいは式(3-6)は，水の流れにエネルギー保存の法則をあてはめたものであって，断面によって各水頭が変化しても，その

❶水を完全流体と考えている(p.8参照)。

❷the principle of the conservation of energy；

外部からのエネルギーの出入りがないとき，各種エネルギーは相互に転換し合うが，エネルギーの総和は一定に保たれる。

また，物体が重力と弾力性によって運動しているとき，力学的なエネルギーの総和は一定に保たれる。これを**力学的エネルギー保存の法則**という。

物体に摩擦や抵抗力が作用するとき，熱が発生し，力学的エネルギー保存の法則はなりたたない。

❸velocity head
❹elevation head
❺pressure head
❻total head

和はつねに一定であることを示している。この関係を完全流体におけるベルヌーイ[1]の定理という。

[1] Bernoulli
[2] 水力発電所の水圧鉄管の直径は，下流ほど細くするのがふつうである。

例題 5

図3-14に示すような水力発電所の水圧鉄管[2]の断面②における水圧はいくらか。ただし，断面①の水圧 p_1 を120 kPa，流速 v_1 を2.0 m/s とし，エネルギーの損失は考えないものとする。

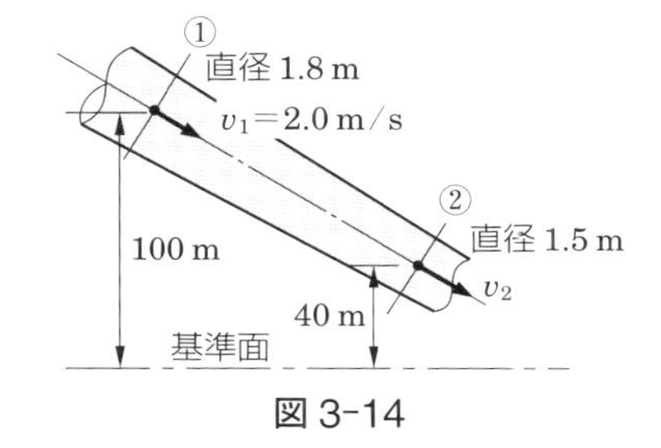

図3-14

解答

連続の式(3-4)から，v_2 を求める。

$$\frac{\pi \times 1.8^2}{4} \times 2.0 = \frac{\pi \times 1.5^2}{4} \times v_2$$

$$v_2 = \frac{1.8^2 \times 2.0}{1.5^2} = 2.88\ \mathrm{m/s}$$

次に，完全流体におけるベルヌーイの定理の式(3-5)から p_2 を求める。

$p_1 = 120\ \mathrm{kPa} = 120 \times 10^3\ \mathrm{N/m^2}$,

$\rho = 1\,000\ \mathrm{kg/m^3}$, $g = 9.8\ \mathrm{m/s^2}$,

$v_1 = 2.0\ \mathrm{m/s}$, $v_2 = 2.88\ \mathrm{m/s}$, $z_1 = 100\ \mathrm{m}$, $z_2 = 40\ \mathrm{m}$

を式(3-5)に代入する。

$$\frac{2.0^2}{2 \times 9.8} + 100 + \frac{120 \times 10^3}{1\,000 \times 9.8} = \frac{2.88^2}{2 \times 9.8} + 40 + \frac{p_2}{1\,000 \times 9.8}$$

ゆえに，$p_2 = \left(\dfrac{2.0^2 - 2.88^2}{2 \times 9.8} + 60 + \dfrac{120 \times 10^3}{1\,000 \times 9.8}\right)$

$\times 1\,000 \times 9.8 = 706 \times 10^3\ \mathrm{N/m^2} = \mathbf{706\ kPa}$

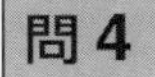
問 4

図3-15の断面①において水圧 $p_1 = 450\ \mathrm{kPa}$ とすると，送水管の断面②における水圧 p_2 を求めよ。ただし，管内の損失水頭を無視する。

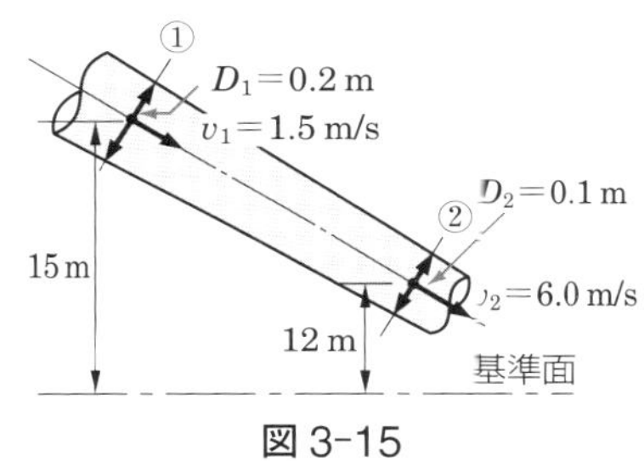

図3-15

ベルヌーイ(Daniel Bernoulli)

ベルヌーイ(1700～1782)は，24歳で医学博士となり，翌年には現在のサンクトペテルブルクに，数学教授としておもむいた。8年後にスイスに帰り，そこで解剖学と植物学，さらに実験物理学および理論物理学を教えた。

1738年に「流体力学(Hydrodynamica)」を表し，流体力学の基礎を理論・実験の両面から確立した。ベルヌーイの定理は，このなかで示されている。また，遊星の軌道，弦の振動，確率論の研究があり，天才的な多彩さを発揮した。

ベルヌーイの業績は，流体力学に限らず，当時の数理物理学全般に及んでおり，確率演算に微分積分を導入したのもベルヌーイといわれている。

5 損失水頭

1 損失水頭とベルヌーイの定理

1 損失水頭

図 3-16 に示すように，水平に置かれた断面が一定の管に一定の流量の水を流す場合を考える。

断面①と②の間に完全流体におけるベルヌーイの定理を適用する。

式(3-5)から，

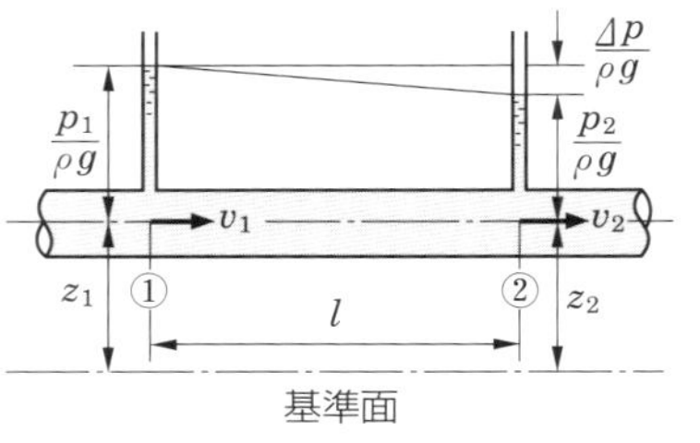

図 3-16　水平な円管の流れ

$$\frac{{v_1}^2}{2g} + z_1 + \frac{p_1}{\rho g} = \frac{{v_2}^2}{2g} + z_2 + \frac{p_2}{\rho g}$$

この式において，断面が一定であるため，連続の式から $v_1 = v_2$，管が水平であるから $z_1 = z_2$ であり，$\frac{p_1}{\rho g} = \frac{p_2}{\rho g}$ となる。

すなわち，$p_1 = p_2$ となる。しかし，実際には $p_1 > p_2$ でなければ，断面①から②へ管内の水は流れない。いいかえると，水は圧力の高いほうから低いほうへ流れ，水が流れるにつれて圧力は $\Delta p = p_1 - p_2$ だけ減少する。

これは，水が流れる場合，水の粘性のためにその内部や水路壁との接触面に摩擦力が作用し，水がもっている力学的エネルギーの一部が，摩擦による熱エネルギーに変わるからである。この熱エネルギーは，水の温度を高めることになるが，力学的エネルギーとしては戻ってこないから，水の流れを取り扱ううえではエネルギーの損失となる❶。このエネルギー損失を水頭で表したものを**損失水頭**❷という。

❶図 3-16 の場合は，圧力降下の水頭差 $\Delta p/\rho g$ が損失水頭となっている。
❷loss of head

一般に，損失水頭を考えると，ベルヌーイの定理の式(3-5)は，次のようになる。

$$\frac{\boldsymbol{v_1}^2}{2\boldsymbol{g}} + \boldsymbol{z_1} + \frac{\boldsymbol{p_1}}{\rho \boldsymbol{g}} = \frac{\boldsymbol{v_2}^2}{2\boldsymbol{g}} + \boldsymbol{z_2} + \frac{\boldsymbol{p_2}}{\rho \boldsymbol{g}} + \boldsymbol{h_l} \qquad (3\text{-}7)$$

h_l：断面①から断面②までの間の損失水頭

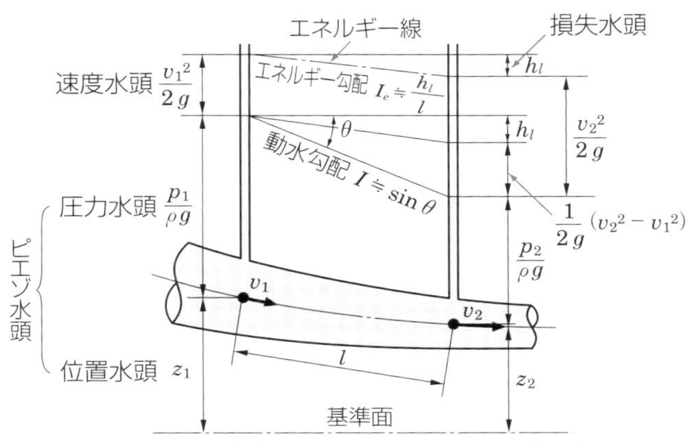

図 3-17　管水路の動水勾配とエネルギー線

式(3-7)の関係を断面が変化する管水路の場合について説明すれば，図 3-17 のようになる。各断面にマノメーターを取りつけると，管内の水は管の中心から圧力水頭 $\dfrac{p}{\rho g}$ だけ上昇する。

ある基準面からの水位は，圧力水頭と管の中心の位置水頭 z との和 $\left(z + \dfrac{p}{\rho g}\right)$ になる。これを**ピエゾ水頭**❶という。各点のピエゾ水頭を連ねる線を**動水勾配線**という。

❶piezometric head

動水勾配線が水平となす傾きを**動水勾配**❷といい，I で表す。

❷hydraulic gradient

$$\boldsymbol{I = \frac{1}{l}\left\{\left(\frac{p_1}{\rho g} + z_1\right) - \left(\frac{p_2}{\rho g} + z_2\right)\right\}} \qquad (3\text{-}8)$$

各断面における流れの全水頭は，位置水頭 z，圧力水頭 $p/\rho g$ および速度水頭 $v^2/2g$ を加えたものであり，その高さは図において，ピエゾ水頭に速度水頭 $v^2/2g$ を加えたものになる。この高さを連ねる線を**エネルギー勾配線**，または単に**エネルギー線**といい，これが水平となす傾きを**エネルギー勾配**❸という。

❸energy slope

ベルヌーイの定理の式(3-7)は，二つの断面間の全水頭の差が，損失水頭であることを示しているから，h_l は次式で表される。

$$h_l = \left(\frac{p_1}{\rho g} + z_1\right) - \left(\frac{p_2}{\rho g} + z_2\right) - \frac{1}{2g}(v_2^2 - v_1^2)$$

したがって，エネルギー線の傾きすなわちエネルギー勾配 I_e は，損失水頭 h_l をそれが生じる水路の長さ l で割ったものとなり，これと動水勾配 I との関係は，次のようになる。

$$\boldsymbol{I_e = \frac{h_l}{l} = I - \frac{1}{2gl}(v_2{}^2 - v_1{}^2)} \qquad (3\text{-}9)$$

問 5 図 3-18 のように，ある水力発電所の水圧鉄管で，基準面上の高さ 110 m の断面①における管の内径は 2.0 m，流速 3.5 m/s，圧力 270 kPa で，基準面上 20 m にある断面②の内径は 1.6 m，圧力 1100 kPa であった。断面①，②間における損失水頭を求めよ。

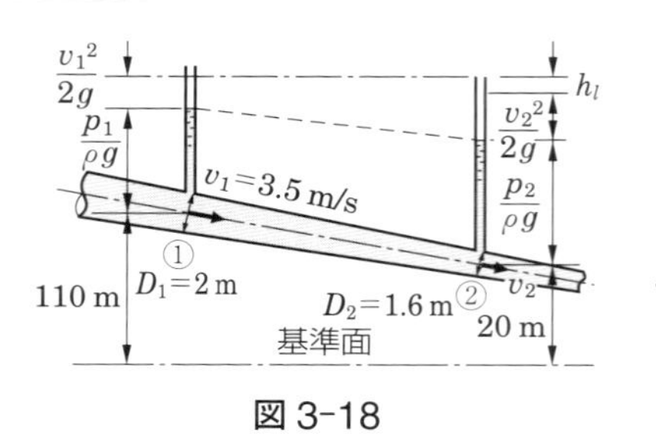

図 3-18

2 開水路におけるベルヌーイの定理

開水路の定常流は，図 3-19 のように，流れの方向に l だけ離れた 2 断面①，②をとり，それぞれの断面において水路床から d_1，d_2 の高さにある流線について式(3-7)を適用すれば，次のようになる。

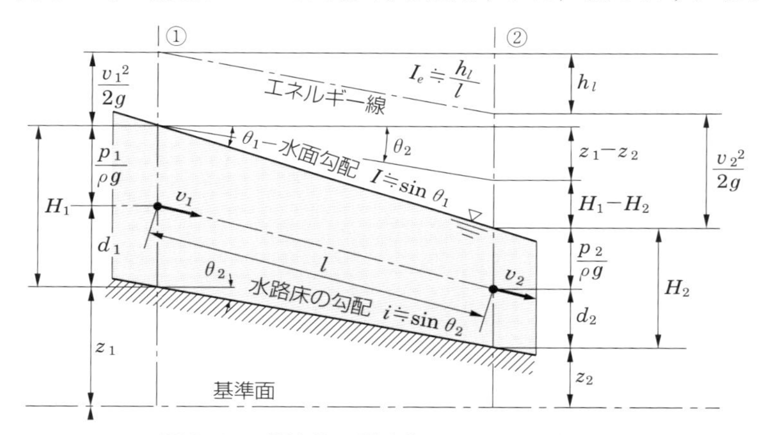

図 3-19 開水路の動水勾配とエネルギー線

$$\frac{v_1{}^2}{2g} + \frac{p_1}{\rho g} + d_1 + z_1 = \frac{v_2{}^2}{2g} + \frac{p_2}{\rho g} + d_2 + z_2 + h_l$$

d_1，d_2：水路床から流線までの高さ，

z_1，z_2：各断面の水路床の基準面からの高さ

水深 H_1，H_2 は，次のように表すことができる。

$$\frac{p_1}{\rho g} + d_1 = H_1, \quad \frac{p_2}{\rho g} + d_2 = H_2$$

したがって，開水路におけるベルヌーイの定理は，次のように表すことができる。

$$\boldsymbol{\frac{v_1{}^2}{2g} + H_1 + z_1 = \frac{v_2{}^2}{2g} + H_2 + z_2 + h_l} \qquad (3\text{-}10)$$

管水路の動水勾配に相当するものは，開水路においては**水面勾配**[1]といい，図 3-19 からわかるように，

$$\boldsymbol{I}=\frac{\boldsymbol{H}_1-\boldsymbol{H}_2}{\boldsymbol{l}}+\frac{\boldsymbol{z}_1-\boldsymbol{z}_2}{\boldsymbol{l}}=\frac{\boldsymbol{H}_1-\boldsymbol{H}_2}{\boldsymbol{l}}+\boldsymbol{i} \qquad (3\text{-}11)$$

水路床の勾配 $i \fallingdotseq \sin\theta_2=\dfrac{z_1-z_2}{l}$

エネルギー勾配 I_e は，式(3-10)，式(3-11)から，

$$I_e=I-\frac{1}{2gl}(v_2{}^2-v_1{}^2)$$

となり，管水路の場合の式(3-9)とまったく同じになる。

水理計算の重要な課題は，水が水路の中をある長さにわたって流れたとき，どれだけの圧力降下または水面低下が起こるかを求めること，すなわち，損失水頭を求めることである[2]。

断面が一様でまっすぐな水路に一定の流量が流れるとき，流れは等流になる。等流の損失水頭は，主として水と水路壁との摩擦によって生じると考えて，これを**摩擦損失水頭**[3]という。

このほかに，水路では断面が変化したり，水路の方向が変わるために渦を巻き，損失水頭を生じる[4]。

問 6　図 3-20 に示す開水路において，損失水頭 h_l，水面勾配 I，水路床勾配 i，エネルギー勾配 I_e を求めよ。

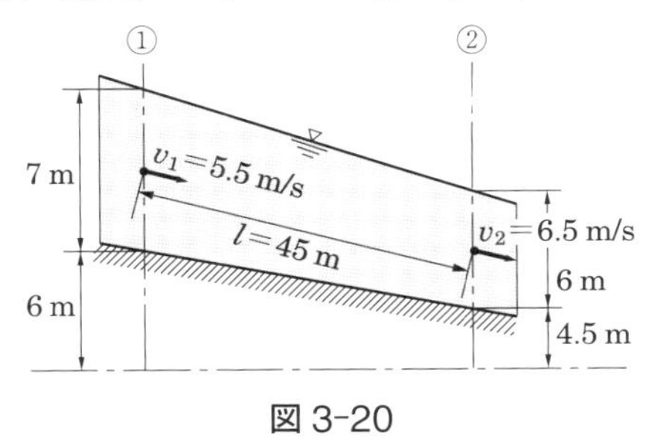

図 3-20

2　摩擦損失水頭と平均流速公式

等流の損失水頭すなわち摩擦損失水頭は，これまでの研究の結果，水路の長さと速度水頭に比例し，水路断面の基準長(水路の直径や径深)に反比例するということがわかっている。次式は，このことを表現したもので，**ダルシー-ワイスバッハの式**[5]とよばれる。摩擦損失水頭を h_f とすれば，

[1] water surface gradient

[2] 損失水頭は，管水路の場合，要所要所にマノメーターを取りつけて，ピエゾ水頭を測定して求める。開水路の場合，水路床の勾配や水深を測定して求める。
　しかし，実際には容易にできることではなく，古くから実験的に，また理論的に研究が進められてきた。

[3] friction head

[4] これらの局所的に起こる損失水頭については，第 4 章，第 5 章で学ぶ。

[5] Darcy-Weisbach

$$h_f = f' \frac{l}{R} \cdot \frac{v^2}{2g} \tag{3-12}$$

f'：摩擦損失係数，$R\left(=\frac{A}{S}\right)$：径深，$A$：流積，$S$：潤辺

円形管水路の場合，その内径を D とすれば，$R = \frac{A}{S} = \frac{D}{4}$ であるから，式(3-12)は次のようになる。

$$\left.\begin{aligned} h_f &= f \frac{l}{D} \cdot \frac{v^2}{2g} \\ f &= 4f' \end{aligned}\right\} \tag{3-13}$$

f：円形管の摩擦損失係数

比例定数 f'，f は無次元量であって，**摩擦損失係数**[1]または**抵抗係数**[2]という。

式(3-12)および式(3-13)で摩擦損失水頭 h_f を求めるためには，f' または f の値が必要である[3]。

式(3-12)，式(3-13)は，表現を変えて，平均流速を求める形式にすることができる。平均流速は，流下する力と，水路の壁面における抵抗力とが釣り合った状態で決まる。ゆえに，水路のある長さに対する損失水頭がわかっているとき，平均流速を求める形になり，これらは**平均流速公式**[4]とよばれる。

1 シェジー[5]の式

式(3-14)は，**シェジーの式**といい，平均流速公式として最も古いものである。

$$v = C\sqrt{RI} \tag{3-14}$$

v：断面の平均流速［m/s］，C：シェジーの係数，
R：径深［m］，$I = h_f/l$：動水勾配

この式とダルシー-ワイスバッハの式(3-12)から，シェジーの係数 C と摩擦損失係数 f' は，次のようになる[6]。

$$C = \sqrt{\frac{2g}{f'}},\ f' = \frac{2g}{C^2} \tag{3-15}$$

❶frictional factor

❷resistance coefficient

❸f'，f を求める方法が古くから研究され，多くの実験式・理論式が提案されている。

❹average velocity formula：
土木の分野で用いられる公式の多くは，直接この形式で提案されている。

❺Chezy

❻シェジーは，C を定数と考えたが，その後の実測結果から定数でないことがあきらかになっている。

2 ガングレー-クッター[1]の式

[1] Ganguillet-Kutter

ガングレーとクッターは，ジェジーの式の C を次式で示した。一般には，クッターの式とよばれている。

$$v = C\sqrt{RI} = \frac{23 + \dfrac{1}{n} + \dfrac{0.00155}{I}}{1 + \left(23 + \dfrac{0.00155}{I}\right)\dfrac{n}{\sqrt{R}}}\sqrt{RI} \qquad (3\text{-}16)$$

v：平均流速［m/s］，n：粗度係数[2]，R：径深［m］，I：動水勾配

[2] 粗度係数 n は，マニングの式（p. 56）で学ぶ。

この式は，開水路だけでなく管水路の場合にもよく用いられる。

また，$I > 1/1000$ または $1\,\text{m} > R > 0.2\,\text{m}$ で，$I > 1/3000$ ならば，次の公式を使ってもよい。

$$C = \frac{23 + \dfrac{1}{n}}{1 + 23\dfrac{n}{\sqrt{R}}} \qquad (3\text{-}17)$$

内径 300 mm の新しい鋳鉄管を動水勾配 $I = 2/1000$ で水が流れるとき平均流速をガングレー-クッターの式を用いて求めよ。ただし，$n = 0.013$ とする。

$R = \dfrac{D}{4} = \dfrac{0.3}{4} = 0.075\,\text{m}$，$n = 0.013$，$\dfrac{1}{n} = 76.923$

$$C = \frac{23 + \dfrac{1}{n} + \dfrac{0.00155}{I}}{1 + \left(23 + \dfrac{0.00155}{I}\right)\dfrac{n}{\sqrt{R}}} = \frac{23 + 76.923 + \dfrac{0.00155}{0.002}}{1 + \left(23 + \dfrac{0.00155}{0.002}\right) \times \dfrac{0.013}{\sqrt{0.075}}}$$

$$= \frac{100.698}{2.129} = 47.298$$

ゆえに，$v = C\sqrt{RI} = 47.298 \times \sqrt{0.075 \times \dfrac{2}{1000}} = \mathbf{0.579\ m/s}$

ガングレーとクッター

クッター（Kutter；スイス）は，ガングレー（Ganguillet；スイス）の指導のもと，ミシシッピー川をはじめ多くの河川について実測を行い研究の結果，上式をつくった。もともとは開水路に対する公式であったが，管水路に対してもよく用いられている。

粗度係数 n について，クッターは 12 種類しか示さなかったが，その後の多くの人々の実測によって，あらゆる水路に対する n の値があきらかにされている。

3 マニング[1]の式

[1] Manning

マニングの式は，河川や人工水路など，開水路の実測値から導かれたもので，完全な乱流か壁面の粗い水路に適合するものといわれる。

$$\boldsymbol{v = \frac{1}{n} R^{\frac{2}{3}} I^{\frac{1}{2}}} \qquad (3\text{-}18)$$

v：平均流速 [m/s]，n：粗度係数，R：径深 [m]，I：動水勾配

この式は，その形式の簡単なことと，実際に適用してじゅうぶん満足な結果が得られることから，現在では，開水路・管水路ともに最も広く用いられる式である。

式(3-18)をシェジーの式の形にしたとき，Cは，次のようになる。

$$\boldsymbol{C = \frac{1}{n} R^{\frac{1}{6}}} \qquad (3\text{-}19)$$

式(3-18)の両辺を2乗して，$I = h_f/l$と置けば，

$$v^2 = \frac{1}{n^2} R^{\frac{4}{3}} \cdot \frac{h_f}{l}$$

$$h_f = \frac{n^2 l v^2}{R^{\frac{4}{3}}} = \frac{2gn^2}{R^{\frac{1}{3}}} \cdot \frac{l}{R} \cdot \frac{v^2}{2g}$$

式(3-12)，式(3-13)から，

$$\boldsymbol{f' = \frac{2gn^2}{R^{\frac{1}{3}}}} \qquad (3\text{-}20)$$

$$\boldsymbol{f = \frac{8\sqrt[3]{4}\,gn^2}{D^{\frac{1}{3}}} = \frac{124.5n^2}{D^{\frac{1}{3}}}} \qquad (3\text{-}21)$$

粗度係数[2] nは，水路壁面を構成する材料によって異なるもので，これまで多くの実験・実測の結果がある。

表3-3にその代表的な値を示す。また，表3-4にマニングの式による円管の摩擦損失係数fの値を示す。

[2] roughness coefficient；
マニングの式の適否は，粗度係数nの値の選定にかかっていることに注意する必要がある。

表 3-3　粗度係数 n と流速係数 C_H の例

壁面の種類	n	C_H
新しい塩化ビニール管，黄銅・すず・鉛・ガラス	0.009〜0.012	145〜155
溶接された鋼表面	0.010〜0.014	140
リベットまたはねじのある鋼表面	0.013〜0.017	95〜110
鋳　鉄（新）	0.012〜0.014	130
〃　（旧）	0.014〜0.018	100
〃　（きわめて古い）	0.018	60〜80
木　材	0.010〜0.018	—
コンクリート（滑らか）	0.011〜0.014	120〜140
〃　（粗い）	0.012〜0.018	

注　C_H は，ヘーゼン-ウィリアムスの式で用いられる係数

表 3-4　マニングの式による円管の摩擦損失係数 f の値

n ＼ D [m]	0.1	0.2	0.3	0.4	0.5	1.0	1.5	2.0
0.010	0.0268	0.0213	0.0186	0.0169	0.0157	0.0124	0.0109	0.0099
0.011	0.0324	0.0258	0.0225	0.0204	0.0190	0.0151	0.0132	0.0120
0.012	0.0386	0.0306	0.0268	0.0243	0.0226	0.0179	0.0157	0.0142
0.013	0.0453	0.0360	0.0314	0.0285	0.0265	0.0210	0.0184	0.0167
0.014	0.0526	0.0417	0.0364	0.0331	0.0307	0.0244	0.0213	0.0194
0.015	0.0603	0.0470	0.0418	0.0380	0.0353	0.0280	0.0245	0.0222
0.016	0.0686	0.0545	0.0476	0.0432	0.0401	0.0319	0.0278	0.0253

4　ヘーゼン-ウイリアムス❶の式

❶Hazen-Williams

ヘーゼン-ウイリアムスの式は，管径の大きな上水道の送水管と配水管に適用される。

$$v = 0.35464\, C_H D^{0.63} I^{0.54}$$

5

$$\boldsymbol{f = \frac{133.4}{C_H{}^{1.85} D^{0.17} v^{0.15}}} \qquad (3\text{-}22)$$

C_H：流速係数❷，v：平均流速 [m/s]，D：管の内径 [m]，f：摩擦損失係数

❷表 3-3 参照。流速係数 C_H は，管壁を構成する材料によって異なる。

5　ウェストン❸の式

❸Weston

ウェストンの式は，内径 13〜89 mm のきわめて滑らかな管に対する実験式である。わが国では，上水道の給水管設計用に広く用い

10

られている。

$$\boldsymbol{f = 0.0126 + \frac{0.01739 - 0.1087D}{\sqrt{v}}} \qquad (3\text{-}23)$$

f：摩擦損失係数，D：管の内径 [m]，v：平均流速 [m/s]

例題 7 幅 10 m，水深 2 m の長方形断面開水路の水面勾配が，1/10000 であるとき，マニングの式を用いて平均流速および流量を求めよ。ただし，$n = 0.02$ とする。

解答 流積 $A = 10 \times 2 = 20\ \mathrm{m^2}$，潤辺 $S = 10 + 2 \times 2 = 14\ \mathrm{m}$

ゆえに，$R = \dfrac{20}{14} = 1.43\ \mathrm{m}$

マニングの式(3-18)から，

$$v = \frac{1}{0.02} \times 1.43^{\frac{2}{3}} \times \left(\frac{1}{10000}\right)^{\frac{1}{2}} = 50 \times 1.27 \times \frac{1}{100} = \mathbf{0.635\ m/s}$$

$$Q = 20 \times 0.635 = \mathbf{12.7\ m^3/s}$$

例題 8 内径 200 mm の鋳鉄管に，流量 $0.048\ \mathrm{m^3/s}$ の水が流れるとき，管長 1000 m の間における摩擦損失水頭を求めよ。ただし，粗度係数 n を 0.012 とする。

$$v = \frac{Q}{A} = \frac{0.048}{\dfrac{\pi \times 0.2^2}{4}} = 1.53\ \mathrm{m/s}$$

$$\frac{v^2}{2g} = \frac{1.53^2}{2 \times 9.8} = 0.119\ \mathrm{m}$$

マニングの式(3-21)から，

$$f = \frac{124.5 n^2}{D^{\frac{1}{3}}} = \frac{124.5 \times 0.012^2}{0.2^{\frac{1}{3}}} = \mathbf{0.0307}$$

この値は，表 3-4 からも求められる。

式(3-13)から，

$$h_f = f \frac{l}{D} \cdot \frac{v^2}{2g} = 0.0307 \times \frac{1000}{0.2} \times 0.119 = \mathbf{18.3\ m}$$

問 7 内径 $D = 400$ mm，水路長 $l = 2000$ m の管水路の摩擦損失水頭が 18 m であった。マニングの式を用いて管内の流量を求めよ。ただし，粗度係数 $n = 0.014$ とする。

問 8 内径 $D = 250$ mm の新しい鋳鉄管を，流量 $0.095\ \mathrm{m^3/s}$ で水が流れるとき，水路長 $l = 100$ m あたりの摩擦損失水頭を，マニングの式とヘーゼン-ウイリアムスの式によって求めよ。

6 流量測定

河川の流量を正しく測定することは，洪水の被害を防ぎ，上水道・かんがい・工業用水に利用するうえで重要である。そして，より治水や利水の能力を上げるため，ダムや堰(せき)を設けて貯水池を造り，オリフィスやゲートによって流量調節を行っている。

また，上水道の送水管の流量をつねに知っておくことで，地域の給水計画を適切に行うことができる。

このように，流量測定は治水や利水そして構造物の設計を行ううえで欠かせないものである。

ここでは，流量測定や流量調節に用いられるベンチュリ計・ピトー管・オリフィス・ゲート・堰について学ぶ。

1 ベンチュリ計

ベンチュリ計❶は，管水路内の流量を求めることを目的として，管の一部に断面の縮小した箇所を設けたものである。

❶Venturi meter

図 3-21 において，断面 ① の流速，圧力，流積を v_1，p_1，A_1，断面 ② のそれらを v_2，p_2，A_2 とし，ベンチュリ計が水平にあるものとすれば，$z_1 = z_2$ となる。この 2 断面間にベルヌーイの定理を用いると，

$$\frac{v_1^2}{2g} + \frac{p_1}{\rho g} = \frac{v_2^2}{2g} + \frac{p_2}{\rho g}$$

すなわち，$\dfrac{1}{2g}(v_2^2 - v_1^2) = \dfrac{p_1}{\rho g} - \dfrac{p_2}{\rho g}$

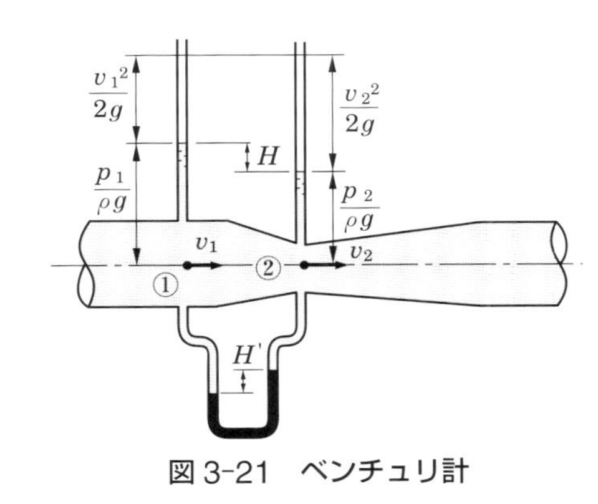

図 3-21　ベンチュリ計

また，$v_1 = \dfrac{Q}{A_1}$，$v_2 = \dfrac{Q}{A_2}$ を前式に代入すると，

$$\frac{1}{2g}\left(\frac{Q^2}{A_2^2} - \frac{Q^2}{A_1^2}\right) = \frac{p_1}{\rho g} - \frac{p_2}{\rho g}$$

$$\frac{Q^2}{2g} \cdot \frac{A_1^2 - A_2^2}{A_1^2 A_2^2} = \frac{p_1}{\rho g} - \frac{p_2}{\rho g}$$

ゆえに，$Q = \dfrac{A_1A_2}{\sqrt{A_1^2 - A_2^2}}\sqrt{2g\left(\dfrac{p_1}{\rho g} - \dfrac{p_2}{\rho g}\right)}$

そこで，断面①，②にそれぞれ図3-21に示すようにマノメーターを立て，水面差(圧力水頭差)Hを測定すれば，$H = \dfrac{p_1}{\rho g} - \dfrac{p_2}{\rho g}$

となり，さらに流量係数 C[1] を掛けて，上式は次のようになる。

[1] 実際の流量 Q は，流れが収縮し再び拡大するなどのためエネルギーの損失があり，流量係数 C を掛けたものになる。$C = 0.95 \sim 1.00$ となる。

$$\boldsymbol{Q = C\frac{A_1A_2}{\sqrt{A_1^2 - A_2^2}}\sqrt{2gH}} \qquad (3\text{-}24)$$

すなわち，マノメーターで2断面間の圧力水頭差 H を測定すれば，流量 Q を求めることができる。

水銀差動マノメーターを用いる場合には，水銀面の差 H' を測定し，次式から流量 Q を求めることができる。

$$\boldsymbol{Q = C\frac{A_1A_2}{\sqrt{A_1^2 - A_2^2}}\sqrt{2gH'\left(\frac{\rho_q}{\rho} - 1\right)}} \qquad (3\text{-}25)$$

ρ_q：水銀の密度

例題 9　図3-21において，管の内径 $D_1 = 400$ mm，縮小部の内径 $D_2 = 200$ mm のとき，水銀差圧計の水銀面の差が 20 cm であった。管内の流量はいくらか。

ただし，流量係数 $C = 1$，水の密度 $\rho = 1\,000$ kg/m^3，水銀の密度 $\rho_q = 13\,600$ kg/m^3 とする。

解答

$$A_1 = \frac{\pi D_1^2}{4} = \frac{\pi \times 0.4^2}{4} = 0.126\ \text{m}^2,$$

$$A_2 = \frac{\pi D_2^2}{4} = \frac{\pi \times 0.2^2}{4} = 0.031\,4\ \text{m}^2$$

式(3-25)から，

$$Q = C\frac{A_1A_2}{\sqrt{A_1^2 - A_2^2}}\sqrt{2gH'\left(\frac{\rho_q}{\rho} - 1\right)}$$

$$= 1 \times \frac{0.126 \times 0.031\,4}{\sqrt{0.126^2 - 0.031\,4^2}}\sqrt{2 \times 9.8 \times 0.2 \times \left(\frac{13\,600}{1\,000} - 1\right)}$$

$$= \boldsymbol{0.228\ \text{m}^3/\text{s}}$$

問 9　図3-21において，管の内径 $D_1 = 300$ mm，縮小部の内径 $D_2 = 150$ mm，マノメーターの水面差が 25 cm のとき，管内の流量を求めよ。ただし，流量係数を 0.95 とする。

2 ピトー管

図3-22(a)のように，細い円管の一端を直角に曲げて流れと平行に置き，その先端を上流側に向けると，管孔の前面の流れはせき止められ，流速は0となる。そのかわり管内の圧力は上昇し，管内の水面は外部の水面よりもHだけ高くなる。

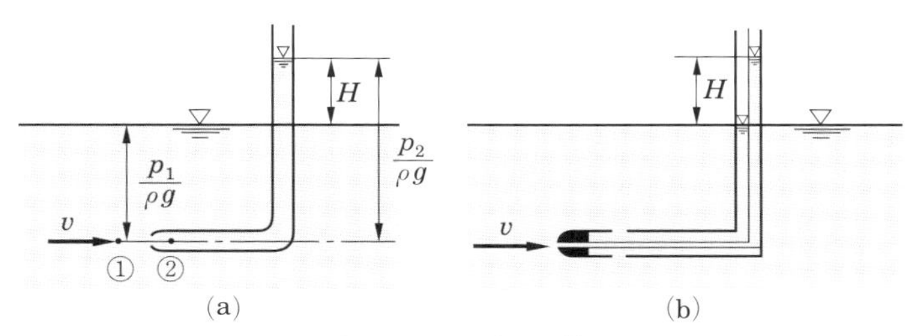

図3-22 ピトー管

管の内外の2点①と②にベルヌーイの定理を適用すると。

$$\frac{v^2}{2g}+\frac{p_1}{\rho g}=0+\frac{p_2}{\rho g}$$

ゆえに，$v=\sqrt{2g\left(\frac{p_2}{\rho g}-\frac{p_1}{\rho g}\right)}$である。ここで，$\frac{p_2}{\rho g}-\frac{p_1}{\rho g}=H$であるから，$v=\sqrt{2gH}$となり，さらに補正係数$C$を掛けて，

$$\boldsymbol{v=C\sqrt{2gH}} \qquad (3\text{-}26)$$

したがって，管の内外の水面差Hを測定すれば，管の前面における流速vを求めることができる。このような管を**ピトー管**[1]という。

実際には，ピトー管内の水面は毛管現象によって少し高くなり，また，外部の水面は管の鉛直部につき当たって隆起したり，波のために読み取りにくくなるので，図(a)の管とまったく同じで，先端を閉じ，側面に小孔をあけた静圧管を併用し(図(b))，これら二つの管を差圧計につないで，圧力差を読み取るようにする[2]。

❶Pitot tube；
ピトー管には，図3-22(b)に示すピトー静圧管と図(a)に示すピトー総圧管がある。
JISではピトー総圧管のことをピトー管とよぶが，一般には総圧管と静圧管を合わせてピトー管とよぶことが多い。

❷この場合は差圧が小さいので，差圧計(p.19，図2-9)を用いる。

図3-23において，ピトー管と静圧管の水面差が10 cmであった。断面の平均流速と管中心の最大流速の比が0.85のとき，管内の平均流速を求めよ。

ただし，ピトー管の補正係数$C=1$とする。

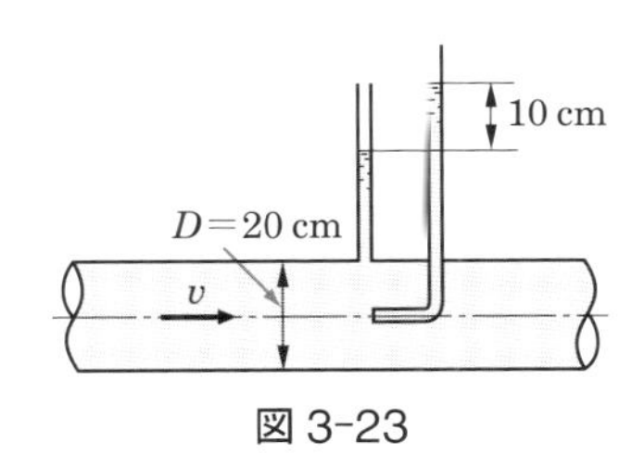

図3-23

式(3-26)から，管中心の最大流速v'は，

$v'=C\sqrt{2gH}=1\times\sqrt{2\times 9.8\times 0.1}=1.40\text{m/s}$

断面の平均流速$v=0.85\times 1.40=$ **1.19 m/s**

3 オリフィス

水槽や貯水池の底面や側壁に設けた小穴から水を流出させるとき，この小穴を**オリフィス**[1]という。オリフィスは，一般に，流量測定に用いられ，穴の形は円形か正方形で，孔口の縁は規則正しい刃形につくられている。また，水はオリフィスの全断面から流出する。

❶orifice

1 オリフィスの流速

オリフィスの流線は，図 3-24 のようになるが，この流線上の点①，点②，点③の間にベルヌーイの定理を適用させることで，オリフィスを流出する水の流速 v を求めることができる。

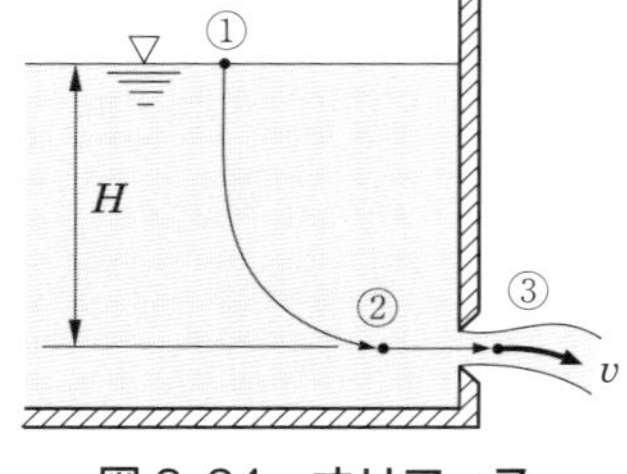

図 3-24　オリフィス

点①，点②，点③において，水の粒子がもつエネルギーすなわち速度水頭，圧力水頭，位置水頭について考えてみると，表 3-5 のようになる[2]。

❷点①において，時間の経過による水面の低下を無視している。
　点②において，水槽内の流速は非常に小さいので，これを無視できる。
　点③では，水は流速 v で大気中に放出されるので水圧 $p=0$ となる。

表 3-5　各点の水の粒子がもつエネルギー

点＼水頭	速度水頭 $\frac{v^2}{2g}$	位置水頭 z	圧力水頭 $\frac{p}{\rho g}$	全水頭 H_e
①	0	H	0	H
②	0	0	$p/\rho g$	$p/\rho g$
③	$v^2/2g$	0	0	$v^2/2g$

表の全水頭は，それぞれの点の水粒子がもつ全エネルギーであるから，いま，点①，点②，点③の間にベルヌーイの定理を適用すると，次のようになる。

$$H=\frac{p}{\rho g}=\frac{v^2}{2g}\quad ゆえに，v=\sqrt{2gH} \qquad (3\text{-}27)$$

この流速は，物体が H だけ落下したときの速度に等しい。この式を**トリチェリー**[3]**の定理**という。

❸Torricelli：
　ベルヌーイ以前にトリチェリーによって導かれたものである。

なお，オリフィスの断面積を a とすれば，理論上，オリフィスからの流量は $Q=av$ となるから，水槽からの流出量をオリフィスによって求めることができる。

2 小オリフィス

オリフィスの断面積 a の大きさが水深 H に比べて小さいときは，断面積のどの部分でも流出速度は一様とみなすことができる。このようなオリフィスを**小オリフィス**❶という。

図 3-25 のような深さ H，面積 a の小オリフィスから流れ出る水の流量を求めよう。

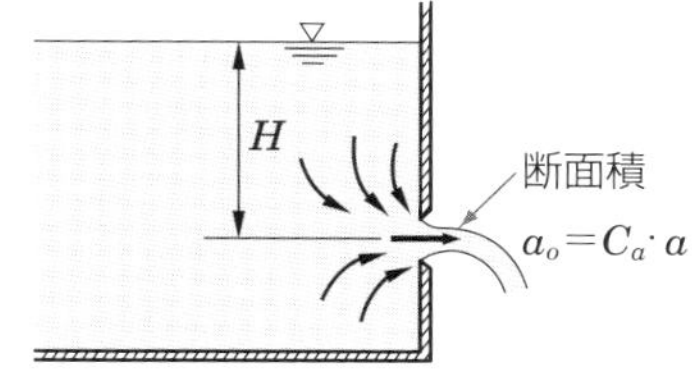

図 3-25　小オリフィス

❶small orifice；
オリフィスを実際に設計する場合は，模型実験を行い，その実験結果から流量係数を求め，その係数から適宜オリフィスの大・小を区別している。

流出する水の流速は，トリチェリーの定理の式 $v = \sqrt{2gH}$ から求められるが，実際の流速 v_0 は，水の粘性による摩擦のためにやや小さく，**流速係数**❷ C_v を掛けた次式で示される。

$$\boldsymbol{v_0 = C_v\sqrt{2gH}} \qquad (3\text{-}28)$$

❷流速係数 C_v に，オリフィスの大きさや線の形によって変化する。
実験によって，
$C_v = 0.96 \sim 0.99$

また，流れはいったん収縮し，流出水の断面積 a_0 もオリフィスの面積 a より小さいので，これも**収縮係数**❸ C_a を使って，

$$a_0 = C_a a$$

❸実験によって，
$C_a = 0.64$

したがって，流量 Q は，次のようになる。

$$\boldsymbol{Q = a_0 v_0 = C_a a C_v\sqrt{2gH} = Ca\sqrt{2gH}} \qquad (3\text{-}29)$$

C_v：流速係数，C_a：収縮係数，$C(= C_a C_v)$：流量係数❹

❹coefficient of discharge；
流量係数
$C = C_v C_a$ から，
$C = 0.614 \sim 0.634$

例題 11 図 3-25 に示す小オリフィスにおいて，深さ 3 m，オリフィスは円形で直径 4 cm のとき，流速と流量を求めよ。
ただし，$C_v = 0.96$，$C_a = 0.64$ とする。

解答

流速 $v_0 = C_v\sqrt{2gH} = 0.96 \times \sqrt{2 \times 9.8 \times 3} = 7.36\ \mathrm{m/s}$

流量 Q を求めるには，

$$C = C_a C_v = 0.64 \times 0.96 = 0.614$$

$$a = \frac{\pi D^2}{4} = \frac{\pi \times 0.04^2}{4} = 0.00126\ \mathrm{m^2}$$

ゆえに，$Q = Ca\sqrt{2gH} = 0.614 \times 1.26 \times 10^{-3} \times \sqrt{2 \times 9.8 \times 3}$
$= 0.00593\ \mathrm{m^3/s} = \mathbf{5.93\ L/s}$

問10 一辺が 4 cm の正方形オリフィスの中心から水面までの深さが 2 m のとき，オリフィスから流出する流量を求めよ。
ただし，流速係数 0.97，収縮係数 0.64 とする。

3 大オリフィス

オリフィスの断面積 a の大きさが水深 H に比べて大きいときは，断面積のどの部分でも流出速度を一様と考えることはできない。このようなオリフィスを**大オリフィス**[1]という。

オリフィスから水が流出すれば，水槽内にもオリフィスに向かって流れが生じる。この流れの速さを**接近流速**[2]という。

図 3-26 において，深さ H における接近流速を v_a，オリフィスにおける流速を v とし，①，②の 2 点にベルヌーイの定理を用いると，

$$\frac{v_a^2}{2g} + 0 + \overset{[3]}{H} = \frac{v^2}{2g} + 0 + 0$$

ゆえに，$v = \sqrt{2g\left(H + \dfrac{v_a^2}{2g}\right)}$

上式の $\dfrac{v_a^2}{2g}$ を**接近流速水頭**[4]という。

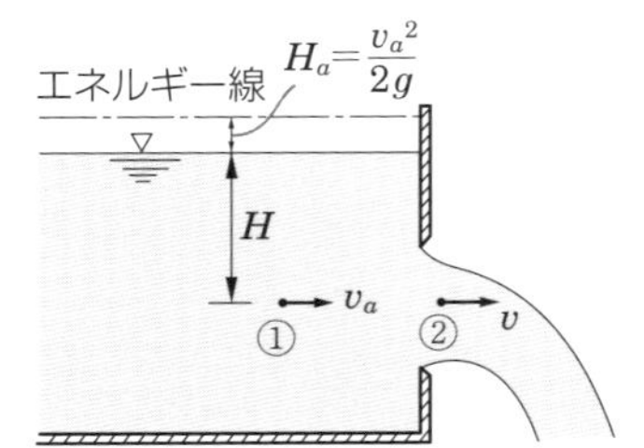

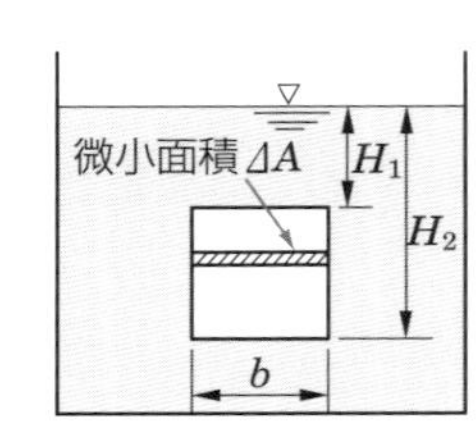

図 3-26　大オリフィス

これを H_a で表すと，

$$\boldsymbol{v = \sqrt{2g(H + H_a)}} \tag{3-30}$$

流出速度 v は，上式の右辺の H が含まれていることからわかるように，水深 H によって異なり一様ではない。したがって，大オリフィス全体の流量は，微小面積 $\varDelta A$ からの流出量を合計する方法で求める。このようにして導いた流量 Q の式は，次のようである。

$$\boldsymbol{Q = \frac{2}{3} Cb\sqrt{2g}\left\{(H_2 + H_a)^{\frac{3}{2}} - (H_1 + H_a)^{\frac{3}{2}}\right\}} \tag{3-31}$$

C：流量係数[5]

問11 図 3-27 に示す大オリフィスからの流量を求めよ。ただし，接近流速を無視し，流量係数は 0.62 とする。

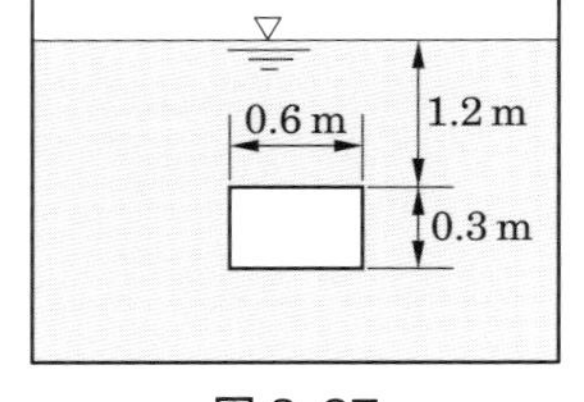

図 3-27

[1] large orifice

[2] 流量の大きな大オリフィスにおいても，概数計算の場合などでは接近流速を無視することが多い。

[3] $\dfrac{p}{\rho g} = H$ より。

[4] 接近流速と同様に，概数計算の場合などでは，無視されることが多い。

[5] 実験によって $C \fallingdotseq 0.62$

4 潜りオリフィス

図 3-28 のように，オリフィスが水中にあるものを**潜りオリフィス**[1]という。

[1] submerged orifice

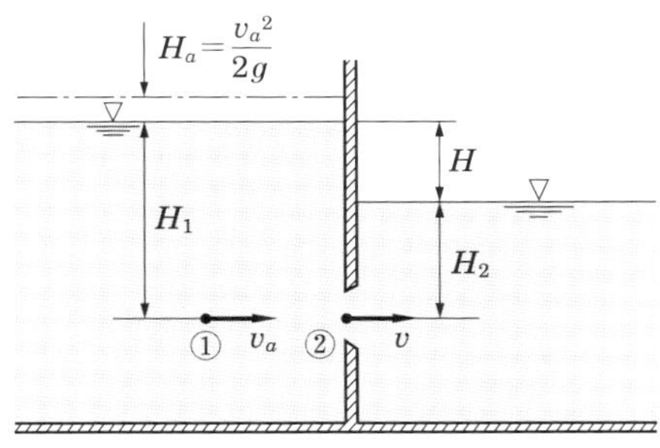

図 3-28 潜りオリフィス

接近流速 v_a を考え，点①，②にベルヌーイの定理を用いると，

$$\frac{v_a^2}{2g} + 0 + H_1 = \frac{v^2}{2g} + 0 + H_2$$

ゆえに，$v = \sqrt{2g\left(H_1 - H_2 + \frac{v_a^2}{2g}\right)}$

$H_1 - H_2 = H$ であり，接近流速水頭 $\frac{v_a^2}{2g} = H_a$ とおくと，

$$v = \sqrt{2g(H + H_a)}$$

したがって，潜りオリフィスの流速 v は，水面差 H だけに関係するから，潜りオリフィスのどの部分でも，流速は等しく一様であることがわかる。このため流量 Q は，流量係数を C とし[2]，オリフィスの面積 a と v を掛けて，次のように求めることができる。

[2] 実験によって，$C \fallingdotseq 0.60$

$$\boldsymbol{Q = Ca\sqrt{2g(H + H_a)}} \quad (3\text{-}32)$$

例題 12 図 3-28 の潜りオリフィスにおいて，$H_1 = 6$ m，$H_2 = 4$ m，オリフィスの直径が 0.5 m であるとき流量を求めよ。

ただし，接近流速は無視し，流量係数 $C = 0.60$ とする。

解答 式(3-32)で $H_a = 0$ となるので，

$$Q = Ca\sqrt{2gH}$$

$$= 0.60 \times \frac{\pi \times 0.5^2}{4} \times \sqrt{2 \times 9.8 \times (6 - 4)}$$

$$= \mathbf{0.738\ m^3/s}$$

問12 図 3-28 の潜りオリフィスにおいて，$H_1 = 7$ m，$H_2 = 4.5$ m，オリフィスの断面が幅 0.4 m，高さ 0.3 m のとき，流量を求めよ。

ただし，接近流速を無視し，流量係数を 0.60 とする。

4 ゲート

ゲート[1]は，流量や水位を調節するために，水路や堰頂に設置する。ゲートからの流れの状態は，下流水深 h_2 の大きさによって異なる。

h_2 が小さいと，流出水は図 3-29(a)のように射流となり，これを**自由流出**[2]という。流れは，収縮のためにいったん水深が最小となり，そこでは流線が平行で流速も一様になる。下流が常流の場合は跳水が起こる。

h_2 が増加すると，跳水はゲートに近づき，ついにゲートに達して図(b)のようになる。

さらに h_2 が増加すると，図(c)のように流れは水中に没し，**潜り流出**[3]となる。

[1] gate
[2] free flow
[3] submerged flow

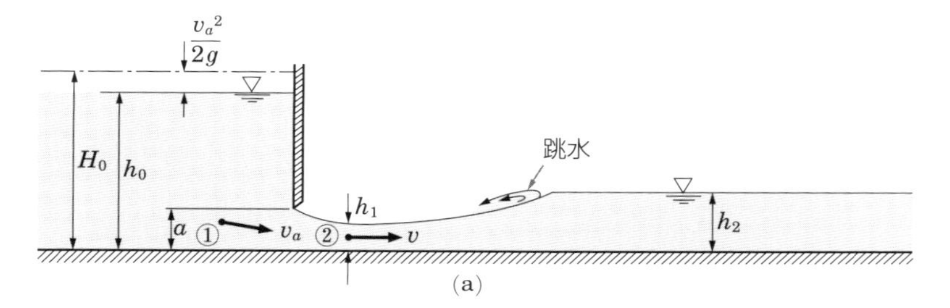

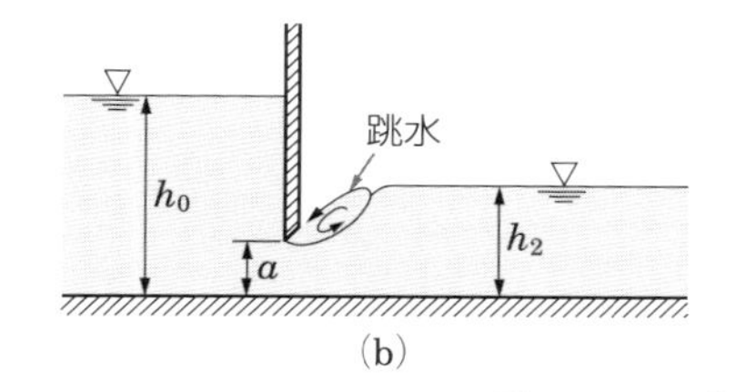

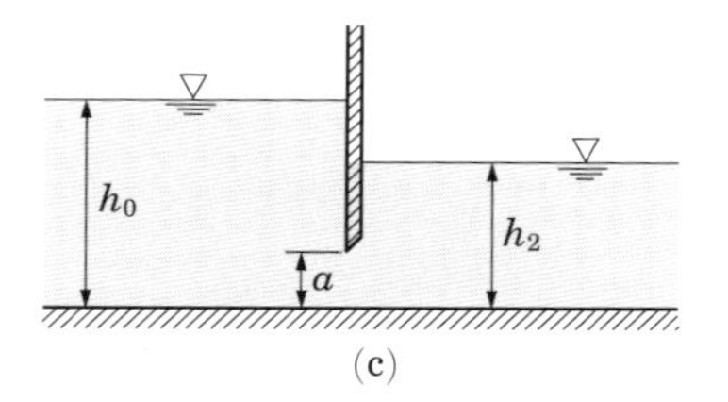

図 3-29　ゲートからの流出

図(a)の自由流出の場合，断面①の接近流速を v_a，水深が最小の断面②の流速を v とし，断面①，②にベルヌーイの定理を用いると，

$$\frac{v_a^2}{2g} + h_0 = \frac{v^2}{2g} + h_1$$

ゆえに，$v = \sqrt{2g\left(h_0 + \frac{v_a^2}{2g} - h_1\right)}$

上式で $h_0 + \frac{v_a^2}{2g} = H_0$ と置くと，次式が得られる。

$$\boldsymbol{v = \sqrt{2g(H_0 - h_1)}} \qquad (3\text{-}33)$$

ゲートの開きを a，収縮係数を C_a とすれば，収縮部の水深 h_1 は，$C_a a$ である。流速係数を C_v，水路幅を B として流量 Q を求めると，

$$\boldsymbol{Q = C_a C_v aB\sqrt{2g(H_0 - C_a a)}} \quad ❶ \qquad (3\text{-}34)$$

❶ C_a，C_v の値は，ゲートの先端が刃形の場合，
$C_a = 0.61$，
$C_v = 0.95 \sim 0.99$
となる。

また，別の流量係数 C_1 を使って，次のように表す方法もある。

$$\boldsymbol{Q = C_1 aB\sqrt{2g(h_0 - a)}} \quad ❷ \qquad (3\text{-}35)$$

❷この場合の流出係数 C_1 は，$\dfrac{h_0}{a}$ が 2 以上の場合，0.62〜0.66 となる。

図 3-29(c)の潜り流出では，潜りオリフィスと同様に，流量 Q は，

$$\boldsymbol{Q = C_2 aB\sqrt{2g(h_0 - h_2)}} \qquad (3\text{-}36)$$

C_2：潜り流出の流量係数❸

❸潜り流出の流量係数 C_2 は，C_1 とほぼ等しい。

次の式は，接近流速や下流水深の影響をすべて流量係数に含めて表したもので，自由流出，潜り流出の両方に使うことができる。

$$\boldsymbol{Q = CaB\sqrt{2gh_0}} \qquad (3\text{-}37)$$

上式の流量係数 C の実験値を図 3-30 に示す。

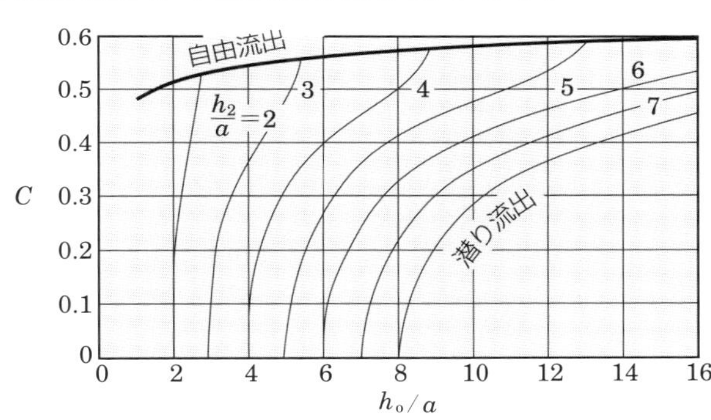

図 3-30　流量係数

例題 13　図 3-31 のゲートにおいて，自由流出の場合，接近流速を無視して流量を求めよ。

ただし，水路幅は 3 m，$C_a = 0.61$，$C_v = 0.99$ とする。

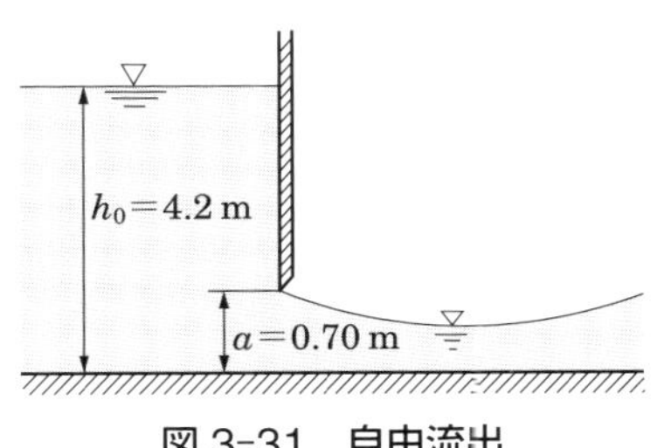

図 3-31　自由流出

解答　式(3-34)から求める。

接近流速を無視するから，$H_0 = h_0 = 4.2$ m

ゆえに，

$$\begin{aligned} Q &= C_a C_v aB\sqrt{2g(H_0 - C_a a)} \\ &= 0.61 \times 0.99 \times 0.70 \times 3 \times \sqrt{2 \times 9.8 \times (4.2 - 0.61 \times 0.70)} \\ &= 10.91 \text{ m}^3/\text{s} \end{aligned}$$

次に，式(3-37)によって求めてみる。図 3-30 の自由流出の曲線によって，$\frac{h_0}{a}=\frac{4.2}{0.7}=6$ に対する流量係数 C の値を読み取ると，$C=0.56$ であるから，

$$Q=CaB\sqrt{2gh_0}=0.56\times0.70\times3\times\sqrt{2\times9.8\times4.2}$$
$$=\mathbf{10.67\ m^3/s}$$

5

問13 図 3-32 のゲートで，水路幅 3 m として，下流側水深が 2 m および 1 m のときの流量を求めよ。

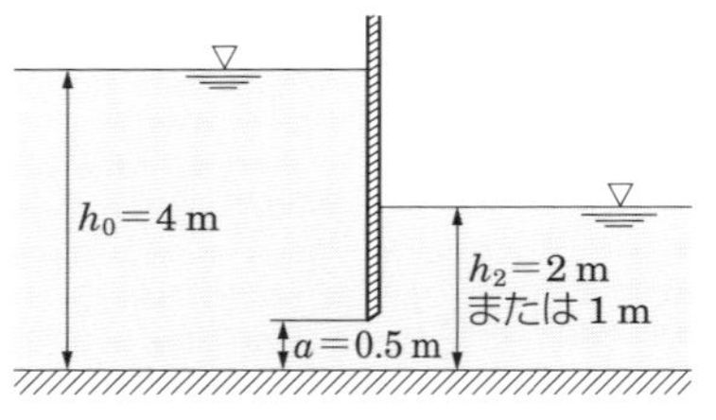

図 3-32 潜り流出

パナマ運河と船頭平閘門(こうもん)

10

1914 年，中央アメリカの南部，パナマ地峡を横断して，太平洋と大西洋(カリブ海)を 64 km の水路で結んだパナマ運河が完成した。

この運河は，図 3-33 のように，海面から約 26 m 高い水位をもつガツン湖へ船を水力

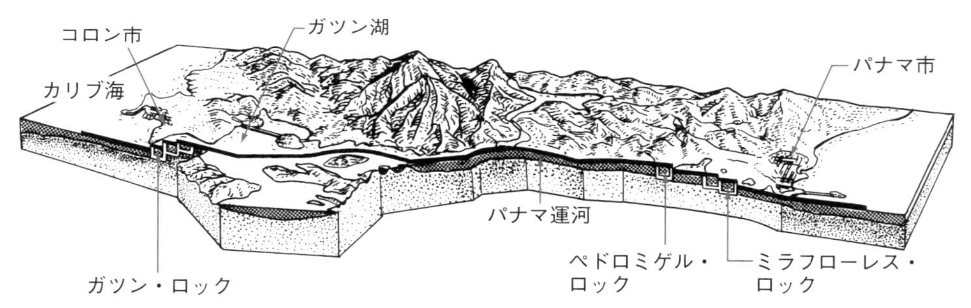

図 3-33 パナマ運河

で押し上げる(逆コースの場合は下げる)閘門を設けたもので，海運だけでなく，世界貿易にも大きな影響を与えた。

15

わが国にもいろいろな閘門があるが，船頭平閘門(1902 年完成)が有名で，これは岐阜県海津郡の木曽川と長良川の水位差約 1m を調節している(図 3-34)。

20

図 3-34 船頭平閘門

5 堰

水路を横断する壁をつくると，水はせき止められてその上を**越流**[1]する。このような壁のことを**堰**[2]という。堰は，その上流側の水位の調整や，流量測定をするための構造物として用いられる。

❶over flow
❷weir

堰の上流側で水面低下がないところにおいて，堰頂から水面までの深さ H を**越流水深**[3]という。また，堰の下流側では，流速が大きくなって水面が低下する。

❸over flow depth

1 堰の種類

堰には，図 3-35 に示すように，越流部が鋭くとがった**刃形堰**[4]と，図 3-36 のように，堰頂がある幅をもつ広頂堰やダムがある。

❹sharp crested weir

刃形堰には，越流部の形によって四角堰や三角堰などがあり，越流部の幅と水路幅が等しい全幅堰がある。

刃形堰を越流し，落下する水の流れを**ナップ**[5]という。越流水深が大きく，図 3-35(a)の場合を**完全ナップ**といい，越流水深が比較的小さな図 3-35(b)の場合を**付着ナップ**という。

❺nappe

広頂堰やダムでは，堰の上流側は常流，下流側は射流となり，堰頂のある点で限界水深になる。

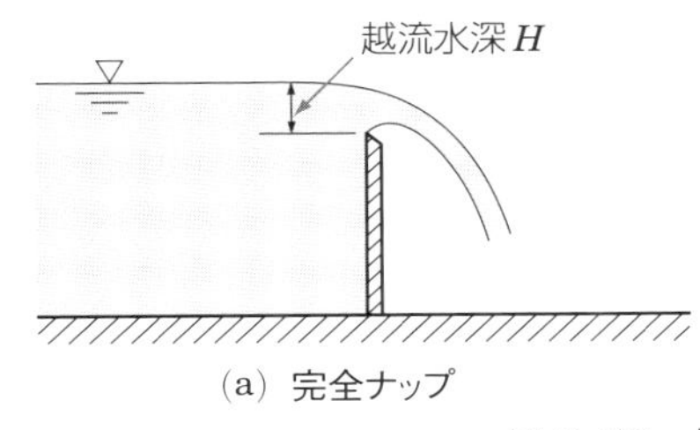

(a) 完全ナップ

越流水深 H

(b) 付着ナップ

図 3-35　堰とナップ

限界水深 H_c
H
常流
射流

(a) 広頂堰

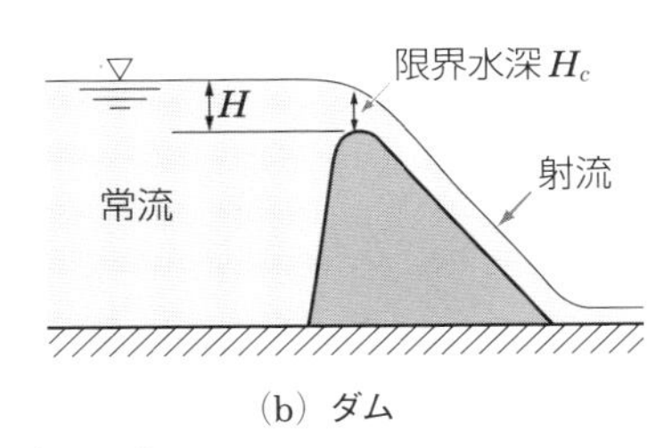

(b) ダム

図 3-36　広頂堰とダム

また，図 3-37 のように，下流水面が堰頂より高い場合を**潜り堰**[6]という。

❻submerged weir

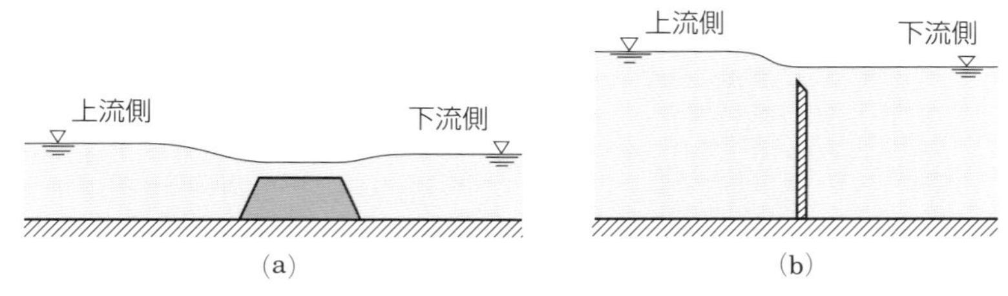

図 3-37　潜り堰

2　四角堰

刃形堰は，ナップが安定し，越流水深を容易に測定できるので，主として開水路の流量測定に使われる。

図 3-38 に示すような**四角堰**❶は，長方形大オリフィスにおいて，水面がオリフィスの上縁に一致した場合と考えることができるので，その流量は，式(3-31)で $H_1 = 0$，$H_2 = H$ と置いて，次のように表される。

$$
\left.
\begin{aligned}
&\boldsymbol{Q = \frac{2}{3} Cb\sqrt{2g}\left\{(H + H_a)^{\frac{3}{2}} - H_a^{\frac{3}{2}}\right\}} \\
&\textbf{接近流速を無視するときは，} \\
&\boldsymbol{Q = \frac{2}{3} Cb\sqrt{2g}\,H^{\frac{3}{2}}}
\end{aligned}
\right\} \quad (3\text{-}38)
$$

Q：流量 [m³/s]，C：流量係数❷

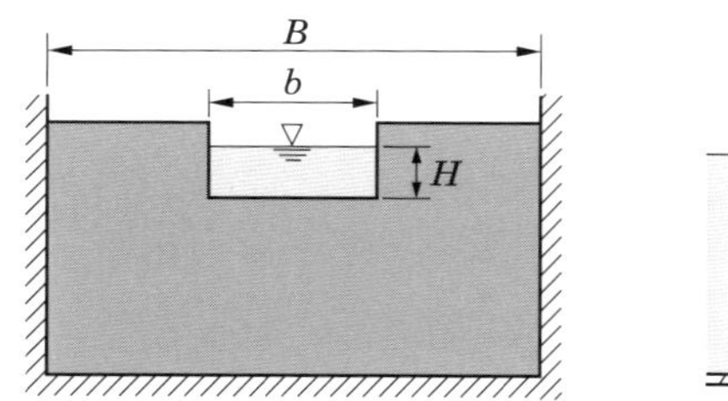

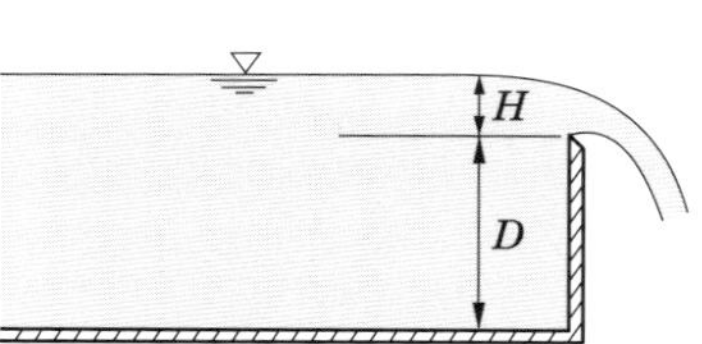

図 3-38　四角堰

実用的には，次式がよく用いられる❸。

$$
\left.
\begin{aligned}
&\boldsymbol{Q = KbH^{\frac{3}{2}}} \\
&\boldsymbol{K = 107.1 + \frac{0.177}{H} + 14.2\frac{H}{D}} \\
&\qquad \boldsymbol{- 25.7\sqrt{\frac{(B-b)H}{BD}} + 2.04\sqrt{\frac{B}{D}}}
\end{aligned}
\right\} \quad (3\text{-}39)❹
$$

Q：流量 [m³/min]❺，H：越流水深 [m]，b：越流部の幅 [m]，B：水路の幅 [m]，D：堰高 [m]，K：流量係数

❶rectangular weir

❷実験によって，$C \fallingdotseq 0.60 \sim 0.63$

❸JIS B 8302（ポンプ吐出し量測定方法）に，この四角堰・直角三角堰（p. 71）・全幅堰（p. 72）による流量測定方法が定められている。

❹式の適用範囲は，
$0.5\,\text{m} \leqq B \leqq 6.3\,\text{m}$，
$0.15\,\text{m} \leqq b \leqq 5\,\text{m}$，
$0.15\,\text{m} \leqq D \leqq 3.5\,\text{m}$，
$\dfrac{bD}{B^2} \geqq 0.06$，
$0.03\,\text{m} \leqq H \leqq 0.45\sqrt{b}\,\text{m}$
接近流速の影響については，流量係数の算出式の中に含まれているので，考慮しなくてよい。

❺JIS B 8302 に定められている流量測定方法では，流量の単位時間を分（min）としている。

問14 幅 4 m の水路に，図 3-39 に示すような四角堰を設けたとき，越流水深が 30 cm であった。この水路の流量を求めよ。

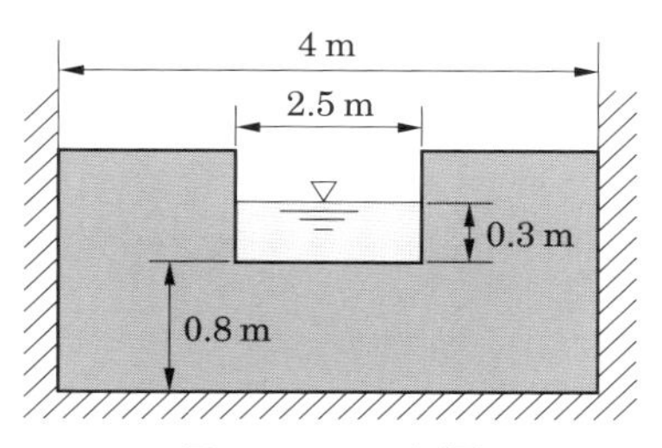

図 3-39　四角堰

3　三角堰

図 3-40 のような**三角堰**[1]は，四角堰に比べて，越流水深の測定が正確にできるので，流量が少ない場合の測定に適する。

三角堰は，流量が少ないので，接近流速を無視してよい。流量 Q は，

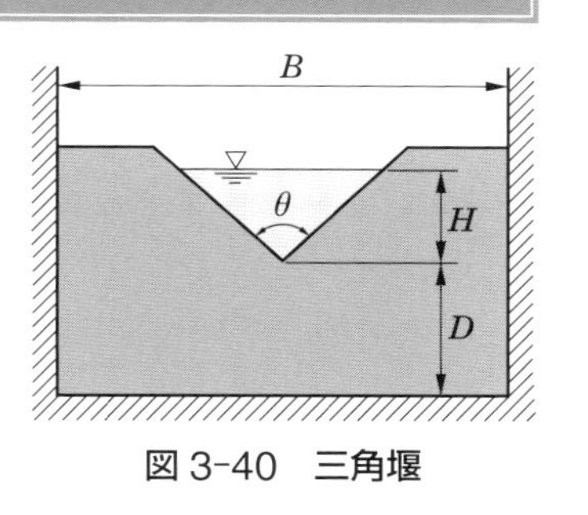

図 3-40　三角堰

$$\boldsymbol{Q = \frac{8}{15} C \tan\frac{\theta}{2}\sqrt{2g}\, H^{\frac{5}{2}}} \qquad (3\text{-}40)$$

Q：流量［m³/s］，C：流量係数

θ は 90° の直角三角堰の場合が多く，このときは次の実用式を用いる。

$$\left.\begin{aligned} \boldsymbol{Q} &= \boldsymbol{KH^{\frac{5}{2}}} \\ \boldsymbol{K} &= \boldsymbol{81.2 + \frac{0.24}{H} + \left(8.4 + \frac{12}{\sqrt{D}}\right)\left(\frac{H}{B} - 0.09\right)^2} \end{aligned}\right\} \qquad (3\text{-}41)[2]$$

Q：流量［m³/min］，H：越流水深［m］，B：水路の幅［m］，
D：堰高［m］，K：流量係数

[1] triangular-notched weir

[2] 式の適用範囲は，
$0.5\ \text{m} \leqq B \leqq 1.2\ \text{m}$，
$0.1\ \text{m} \leqq D \leqq 0.75\ \text{m}$，
$0.07\ \text{m} \leqq H \leqq 0.26\ \text{m}$
ただし，$H \leqq \frac{B}{3}$

例題14 図 3-41 に示す直角三角堰の流量を求めよ。

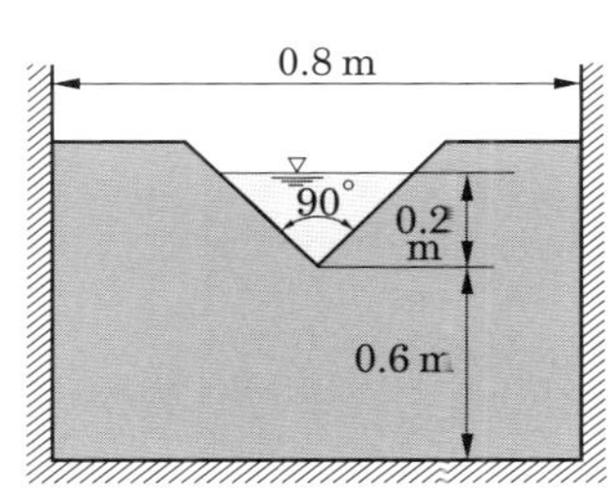

図 3-41　三角堰

解答

式(3-41)から，流量係数 K は，

$$K = 81.2 + \frac{0.24}{0.2} + \left(8.4 + \frac{12}{\sqrt{0.6}}\right)\left(\frac{0.2}{0.8} - 0.09\right)^2$$

$$= 83.01$$

流量 $Q = 83.01 \times 0.2^{\frac{5}{2}} = \mathbf{1.48\ m^3/min = 0.0247\ m^3/s}$

4 全幅堰

全幅堰[1]は，図 3-42 のように，越流部の幅と水路の幅が等しく，大流量の測定に適する。実用的には，次の式がよく用いられている。

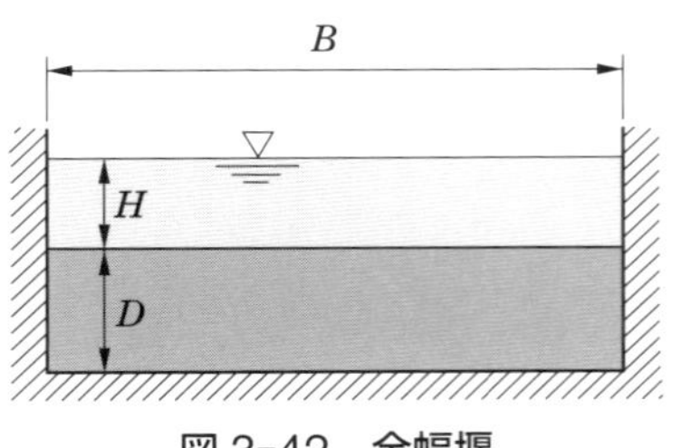

図 3-42 全幅堰

[1] suppressed weir

$$\left.\begin{aligned} Q &= KBH^{\frac{3}{2}} \\ K &= 107.1 + \left(\frac{0.177}{H} + 14.2\frac{H}{D}\right)(1+\varepsilon) \end{aligned}\right\} \quad (3\text{-}42)^{[2]}$$

Q：流量 [m³/min]，H：越流水深 [m]，D：堰高 [m]，ε：補正項[3]

[2] 式の適用範囲は，$B \geqq 0.5$ m，0.3 m $\leqq D \leqq 2.5$ m，0.03 m $\leqq H \leqq D$，ただし，$H \leqq 0.8$ m で，かつ $H \leqq \frac{B}{4}$

[3] 補正項 ε について $D \leqq 1$ m の場合，$\varepsilon = 0$，$D > 1$ m の場合，$\varepsilon = 0.55(D-1)$

堰による流量測定装置

図 3-43 は，堰による流量測定装置の一例である。水路内に多孔板でつくった整流装置を設けて，流速を一様にし，あわせて，水面を安定させている。

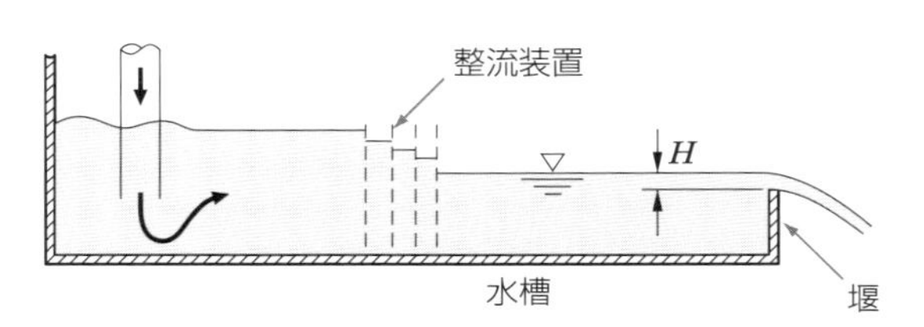

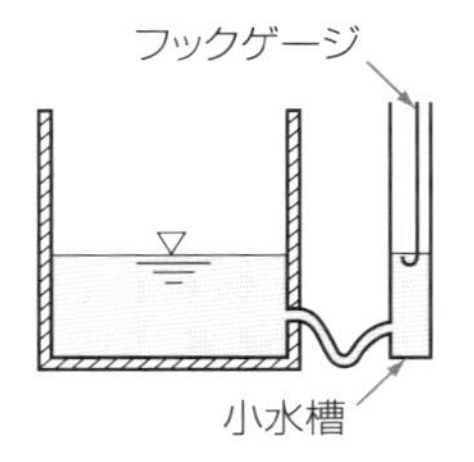

図 3-43 堰による流量測定装置

越流水深 H を測定するには，水路から細い管で連結された小水槽内の水位を，水面計(フックゲージ)を使って測定する。

堰頂は，ナップを安定させるために，図 3-44 のように仕上げる。

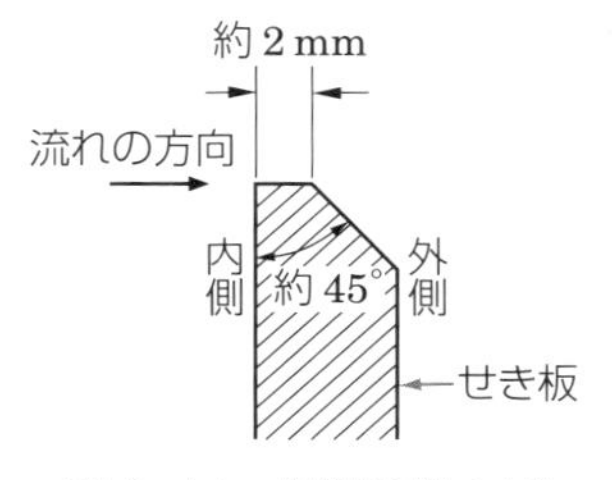

図 3-44 堰頂の仕上げ

問15 図 3-45 に示す全幅堰の流量を求めよ。

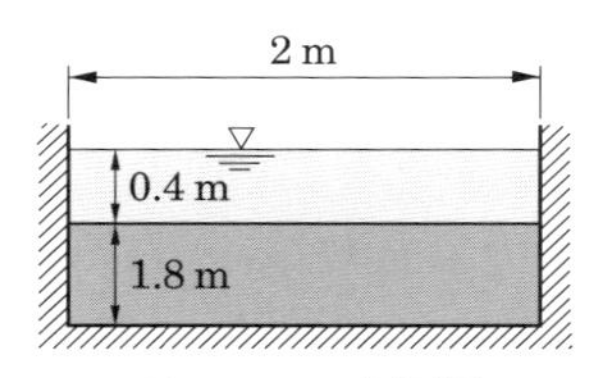

図 3-45 全幅堰

5 広頂堰

堰頂の幅が，越流水深に比べて大きいものを**広頂堰**[1]という。

図 3-46 の広頂堰において，水路幅を B として，越流量を求める。

[1] broad crested weir

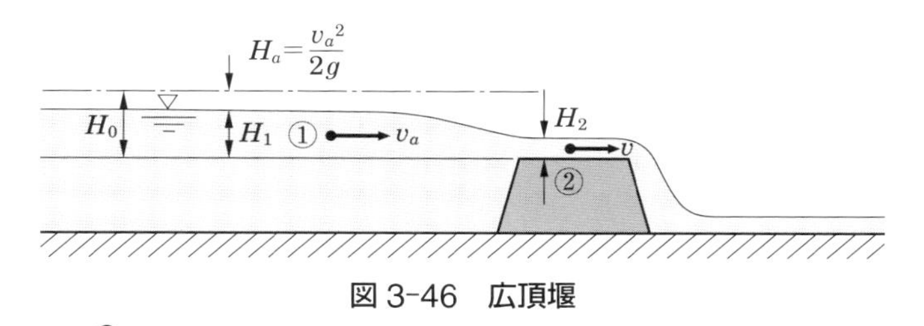

図 3-46　広頂堰

接近流速[2]を v_a，堰の上の流速を v とし，堰頂を基準にとって，①，②の 2 点にベルヌーイの定理を用いると，

[2] 接近流速 v_a の値は小さいので，これを無視して計算することもある。

$$\frac{v_a^2}{2g}+H_1=\frac{v^2}{2g}+H_2$$

$$v=\sqrt{2g\left(H_1+\frac{v_a^2}{2g}-H_2\right)}$$

上式で，$H_1+\dfrac{v_a^2}{2g}=H_0$ とおくと，

$$\boldsymbol{v=\sqrt{2g(H_0-H_2)}} \qquad (3\text{-}43)$$

$$\boldsymbol{Q=CBH_2\sqrt{2g(H_0-H_2)}} \qquad (3\text{-}44)[3]$$

C：広頂堰の流量係数，H_0：越流水頭$\left(H_1+\dfrac{v_a^2}{2g}\right)$

[3] 流量係数 C の値は，堰の形によってかなり異なり，実験によって求める。

広頂堰では，上流水深と堰頂の幅との比によって，流れの状態が複雑に変化するから，この堰を流量測定に用いることはむずかしい。

堰上で流れが常流から射流に変わり，明らかに限界水深が現れる場合には，限界水深 H_2 が $\dfrac{2}{3}H_0$ になることがわかっているので，式(3-44)に代入し，$g=9.8\,\mathrm{m/s^2}$ として計算すると，次のようになる。

$$\boldsymbol{Q=\frac{2}{3}CBH_0\sqrt{2g\left(H_0-\frac{2}{3}H_0\right)}=1.70\,CBH_0^{\frac{3}{2}}} \qquad (3\text{-}45)$$

問16　幅 10 m の水路に，図 3-47 のような高さ 2 m の広頂堰を設けたとき，越流水深が 1.2 m になった。流量係数を 1.0 として，流量および堰頂の水深を求めよ。ただし，流量係数を 1.0 とし，接近流速を無視する。

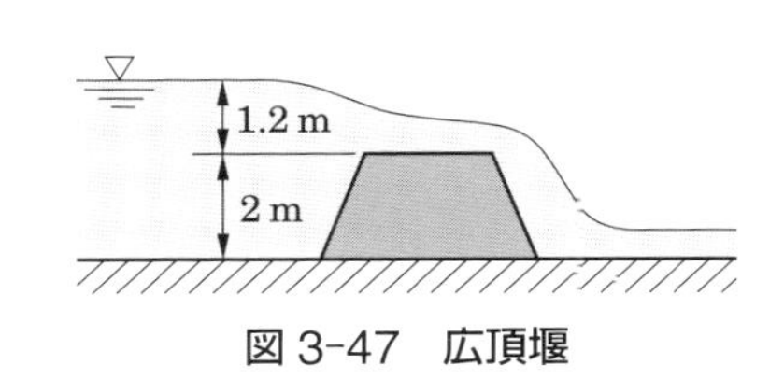

図 3-47　広頂堰

7 流れと波の力

1 流れの力

水が水路の屈曲部を流れるとき，あるいは水路内に突起物などがあるとき，水は屈曲部の水路壁や突起物などに力を及ぼす。このように，水の流れが外部に力を及ぼすとき，その力は**運動量の方程式**❶によって求めることができる。

ここでは，運動量の方程式を用いて流れの力を求めてみる。

運動量の定理❷から，質量 m の水の流れにおいて，時間 t の間にその流速が v_1 から v_2 に変化するとき，水が外部に及ぼす力 P は，

$$-\boldsymbol{P}=\boldsymbol{m}\frac{\boldsymbol{v}_2-\boldsymbol{v}_1}{\boldsymbol{t}} \tag{3-46}$$

となる。よって屈曲部の前後で質量 $m\times 1$ 秒の流管に対して，運動量の定理をあてはめると力 P を求めることができる。

図 3-48 は，水がブレード(羽根)に当たり，ブレードに力 P を与えながら流れの方向を変え，流速が v_1 から v_2 に変化している図である。

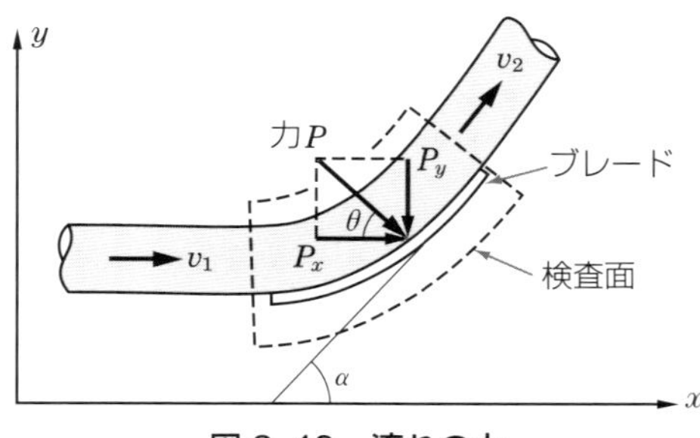

図 3-48　流れの力

上の図において，水の密度 ρ，流量 Q を用いて式(3-46)を表すと，$\dfrac{m}{t}=\dfrac{\rho V}{t}=\rho Q$ となることから，

$$-\boldsymbol{P}=\rho\boldsymbol{Q}(\boldsymbol{v}_2-\boldsymbol{v}_1) \tag{3-47}$$

となる。上式は，水の流れを**検査面**❸という面で包んで，その面を出入りする運動量の差を考えることにより，ブレードに作用する力 P を求められることを示している。

❶equation of momentum

❷theorem of momentum；
単位時間の運動量の増加は，外力に等しい。
質量 m，速度 v，力 P とすると，
$$m\frac{dv}{dt}=P$$
がなりたつ。
ここでは，運動している水自体がほかに作用する力に視点を向けている。

❸surface of inspection；
微小区間を取り扱う運動量の定理は，図 3-48 の点線部分のように，一定の固定された空間の境界を出入りする運動量の変化についてもなりたつ。このような境界面を検査面という。

5 10 15 20

式(3-47)の P を x 方向の分力 P_x と y 方向の分力 P_y に分けると次式のようになり，この式を用いて水路の屈曲部の安定計算ができる。

$$\left.\begin{aligned} \boldsymbol{P_x} &= -\rho \boldsymbol{Q}\,(\boldsymbol{v_{x2}} - \boldsymbol{v_{x1}}) \\ \boldsymbol{P_y} &= -\rho \boldsymbol{Q}\,(\boldsymbol{v_{y2}} - \boldsymbol{v_{y1}}) \\ \boldsymbol{P} &= \sqrt{\boldsymbol{P_x}^2 + \boldsymbol{P_y}^2} \end{aligned}\right\} \quad (3\text{-}48)$$

例題 15　図 3-49 のように，直径 10 cm の噴流が 20 m/s の速度で板に衝突して 90° 曲げられるとき，以下の問に答えよ。

(1)　板に作用する力を求めよ。

(2)　板が 7 m/s の速度で噴流の方向に移動しているとき，板に作用する力を求めよ。

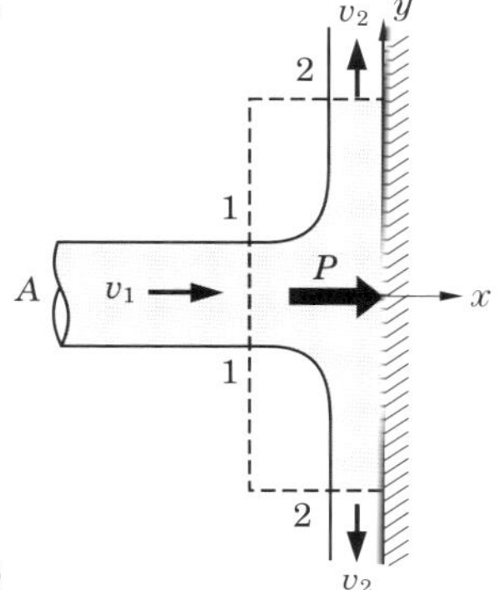

図 3-49

解答

(1)　$Q = Av = \dfrac{\pi \times 0.10^2}{4} \times 20 = 0.157\ \mathrm{m^3/s}$

検査面を図 3-49 の点線にとると，力 P の y 方向の成分は 0 となる。式(3-48)から，

$P_x = -\rho Q(v_{x2} - v_{x1}) = -1000 \times 0.157 \times (0 - 20)$
$= 3140\ \mathrm{N}$

$P_y = 0$

$P = \sqrt{P_x^2 + P_y^2} = \sqrt{(3140)^2 + 0^2} = 3140\ \mathrm{N} = \mathbf{3.14\ kN}$

(2)　板が噴流の方向に動いているので，$v_{x2} = 7$ m/s として考える。

$P_x = -1000 \times 0.157 \times (7 - 20) = 2041\ \mathrm{N}$

$P_y = 0$

$P = \sqrt{(2041)^2 + 0^2} = 2041\ \mathrm{N} = \mathbf{2.04\ kN}$

問17　図 3-50 のように，内径 6 cm の円管の管内を 12 m/s で流れている水が，直角に v_2 方向に向きを変えて流れて行くとき，屈折部の A 点に作用する力 P の大きさはいくらか。

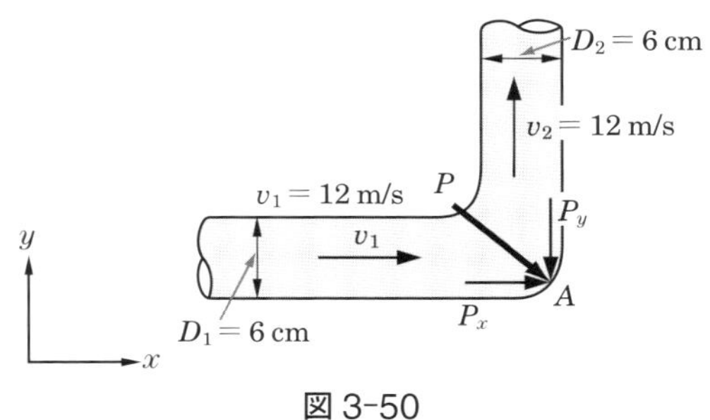

図 3-50

2 波の力

水の波とは，水面の高低の動きが水の中を次々に伝わる現象をいい，水の波が海岸や港湾の構造物(防波堤など)に作用する力を**波力**，構造物に作用する波の圧力を**波圧**[1]という。

海岸や港湾につくられる構造物は，波圧や波力に耐えるものでなければならない。波は構造物に力が作用するという観点において，図 3-51 のように構造物に衝突し，反射してもとの波と重なり合って形成される**重複波**(ちょうふくは)[2]と，砕けて強大な力となる**砕波**(さいは)[3]に分けられる[4]。

[1] wave pressure

[2] clapotis

[3] wave-breaking

[4] 実際の海は，複雑な波の集まりで，重複波と砕波の区別はむずかしいが簡略的な方法として，水深 H と波高 H_0 の関係で，$H \geqq 2H_0$ のときは重複波，$H < 2H_0$ のときは砕波とされている。

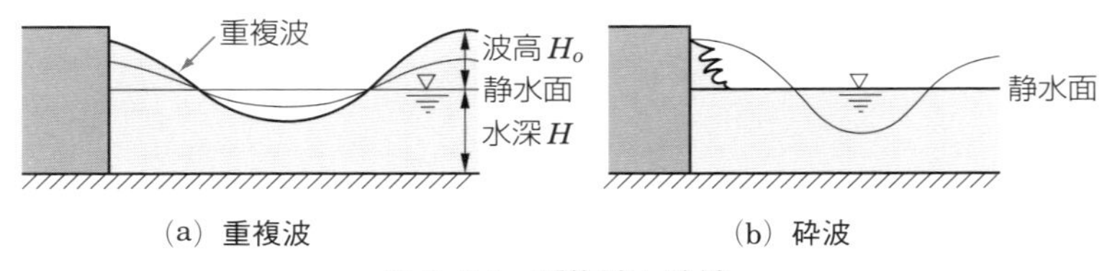

(a) 重複波　(b) 砕波

図 3-51　重複波と砕波

波圧の計算式には，重複波と砕波の別なく用いる場合は，合田式，砕波の波圧公式としては広井公式やミニキン公式，重複波に用いるサンフルー公式などがある。

直立壁に働く波圧分布(合田式)

波圧の計算式の代表的なものとして合田式がある。合田式は，重複波から砕波までを区別せずに波圧を求める方法であり，これによれば直立壁における波圧分布は図 3-52 のようになる。

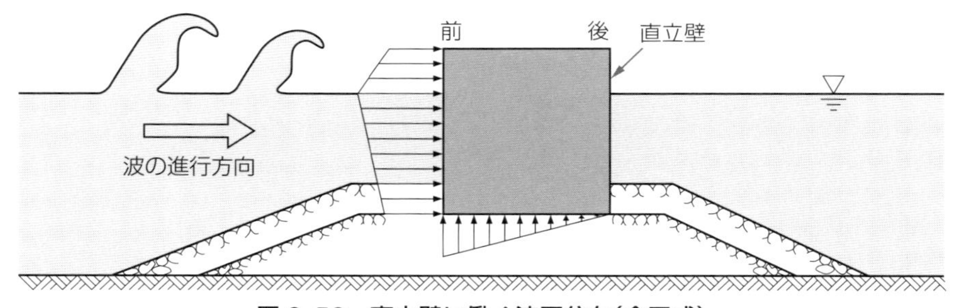

図 3-52　直立壁に働く波圧分布(合田式)

直立壁前面の波圧分布は，水面位置を最大とする台形分布で示されている。底面については，前端を最大，後端を 0 とする三角形分布をなす揚圧力が与えられている。

合田式は系統的な波圧実験の結果をもとにしたものであり，わが国の港湾施設設計における波圧の代表的な計算法とされている。

第3章 章末問題

1. 図3-53に示す水路の水路断面と流積を求めよ。また，$Q = 16\ \mathrm{m^3/s}$ の水を流すときの平均流速を求めよ。

2. 図3-54において，$v_1 = 2.4\ \mathrm{m/s}$ とすれば，v_2 はいくらになるか。

3. 図3-55において，断面①の流速 $v_1 = 2.0\ \mathrm{m/s}$，水圧 $p_1 = 80\ \mathrm{kPa}$ とすれば，断面②の v_2，p_2 はいくらになるか。ただし，損失水頭はないものとする。

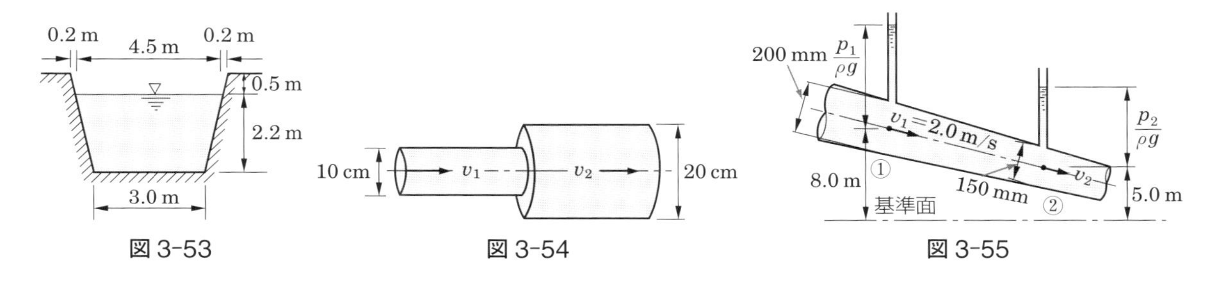

図3-53　図3-54　図3-55

4. 図3-56に示す鉛直に置かれた管の断面①の内径が0.15 m，断面②の内径が0.30 mである。この管に流量0.15 m³/sの水を流すとき，断面①と②の圧力差を求めよ。

ただし，損失水頭はないものとする。

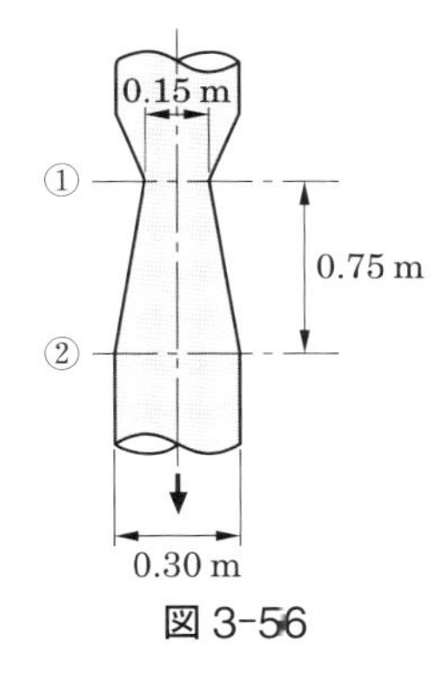

図3-56

5. ある水力発電所の水圧鉄管で，基準面上の高さ110 mの断面①における管の内径は2.0 m，流速3.5 m/s，圧力280 kPaで，基準断面上20 mにある断面②の内径は1.6 m，圧力1140 kPaであった。断面①，②間における損失水頭を求めよ。

6. 内径300 mmの塩化ビニール管に流量0.15 m³/sの水が流れている。管の全延長が450 m，抵抗係数を0.0186とするとき，摩擦損失水頭を求めよ。

7. 内径300 mmの新しい鋳鉄管でできた管水路の平均流速をシェジーの式を用いて求めよ。

ただし，動水勾配 $I = \dfrac{1}{250}$，円管の摩擦損失係数 $f' = 0.0360$ とする。

8. 図3-57に示す開水路の流量をマニングの式による平均流速を用いて求めよ。

ただし，水路壁の粗度係数を0.014，水路の動水勾配を $\dfrac{1}{1000}$ とする。

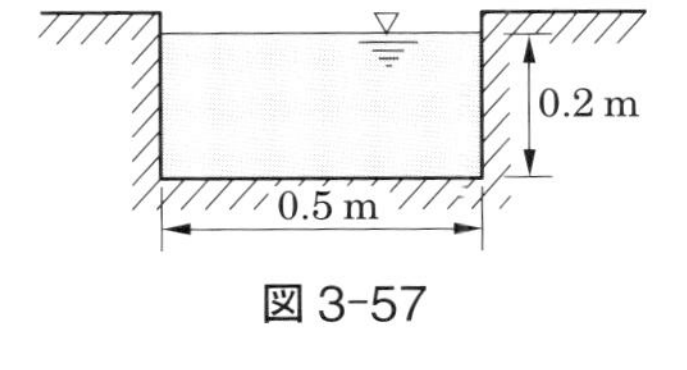

図3-57

9. いま，内径250 mmの鋼管で，流量0.10 m³/sの浄水を，山頂につくった配水池に揚水している。管の全延長は350 mである。$n = 0.012$ として摩擦損失水頭を求めよ。

10. 図 3-58 は，ある市の浄水場の送水管に取りつけられたベンチュリ計である。水銀面の差 $H' =$ 50 cm として，流量を求めよ。

ただし，水銀の密度を 13600 kg/m³ とする。

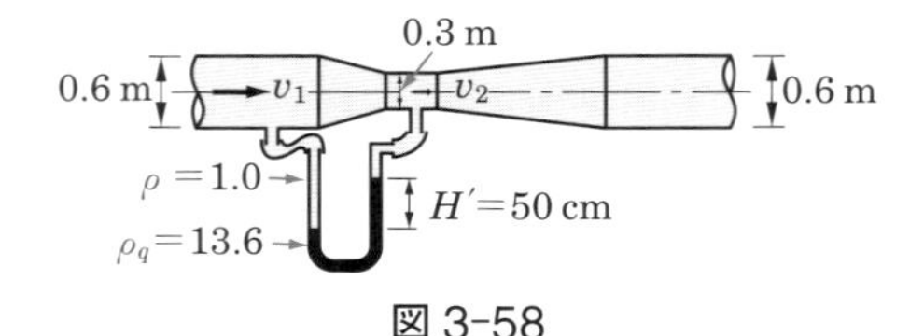

図 3-58

11. 図 3-59 に示すように，直径 30 cm の管水路においてピトー管と静圧管の水面差が 15 cm であった。断面の平均流速と管中心の最大流速の比が 0.80 であるとして，管内の流量を求めよ。

ただし，ピトー管の補正係数 C を 1 とする。

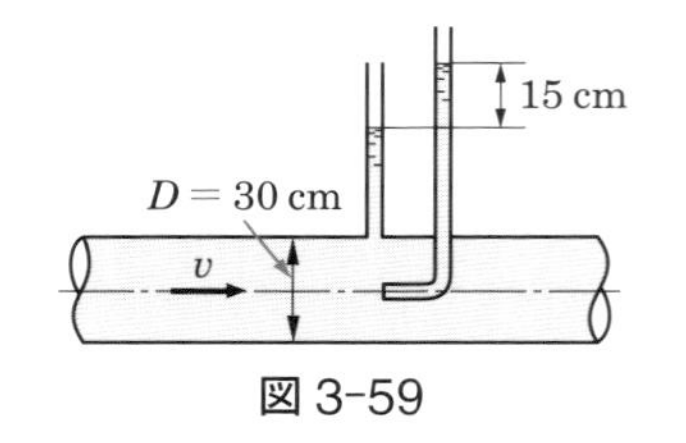

図 3-59

12. 水槽の側壁の深さ 2 m のところに，直径 1.2 cm の小オリフィスがある。この小オリフィスから流出する水の流量を求めよ。

ただし，流速係数を 0.97，収縮係数を 0.64 とする。

13. 水槽側壁の深さ 80 cm のところに，直径 1.5 cm の小オリフィスがある。流出水を容器に受け，その容積をメスシリンダーで測定したところ，10 秒間に 4330 cm³ であった。流量係数を求めよ。

14. 上流側水深 3 m，流出幅 2.5 m，開き 0.75 m のゲートで自由流出の場合の流量を求めよ。ただし，流量係数は図 3-30 による。

15. 図 3-60 のような水路幅 2.5 m のゲートにおいて，4.2 m³/s の流量を流すには，ゲートの開きをいくらにすればよいか。式(3-35)で試算法によって計算せよ。

ただし，流量係数 $C_1 = 0.64$ とする。

16. 図 3-61 のような直角三角堰の流量はいくらか。

17. 図 3-62 のような 60° の曲がりをもつ短い縮小管によって，内径 60 cm の管を内径 30 cm の管につないだ。流量 $Q = 1.10$ m³/s，大きい管の圧力が 190 kPa のとき，縮小管に働く力と作用する方向を求めよ。

ただし，管は水平に置かれているものとする。

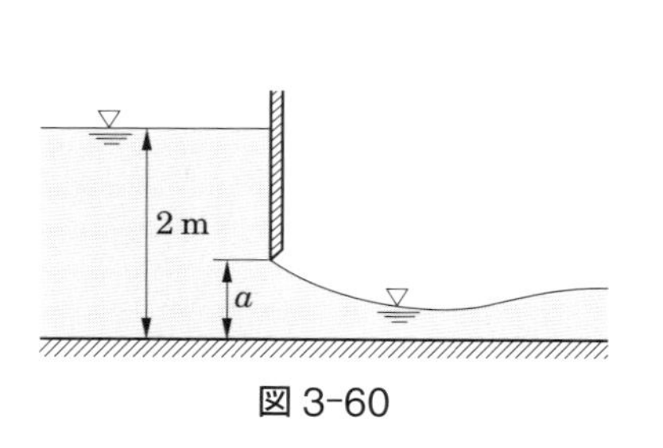

図 3-60

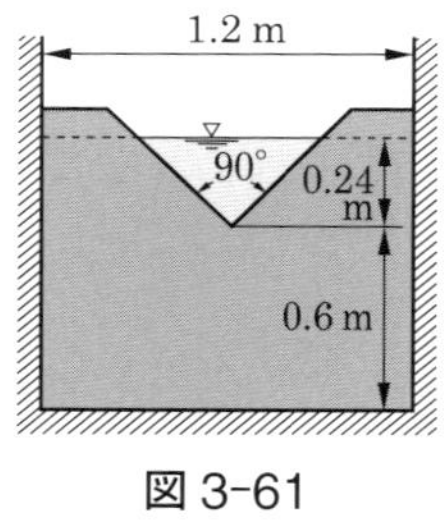

図 3-61

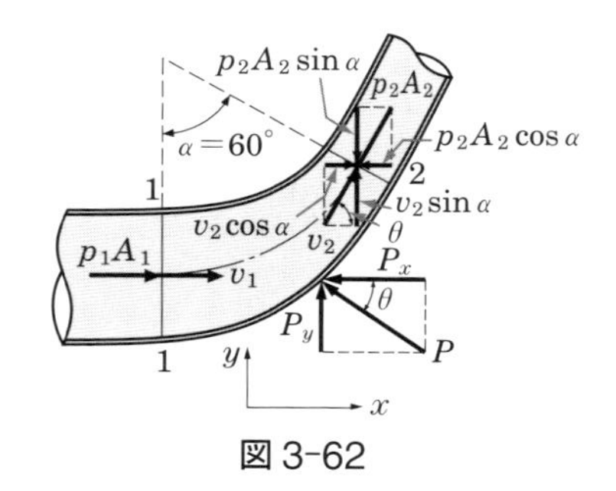

図 3-62

第4章

管水路

管水路（成田用水のサイホン：千葉県）

管水路は，日常生活で使用している上水道の管路や，水力発電所の水圧鉄管，油送用のパイプラインなどに広く使われている。

管水路における損失水頭は，主として水と管壁との摩擦だけで考えてきた。しかし，実際の管水路では，管が曲がり，管径が変化し，あるいは弁などの障害物があるために，局部的な損失水頭も生じる。

●管水路の損失水頭はどのようになっているのだろうか。
●管径や流量との関係はどのようになっているのだろうか。
●管水路の設計はどのようにするのだろうか。

1 摩擦以外の損失水頭

管水路[1]における損失水頭 h_l は，管の全長にわたって生じる摩擦損失水頭の h_f と，次にあげるいろいろな局部的損失水頭の合計で求められる。すなわち，図 4-1 の場合，次のようになる。

[1] pipe line；p. 42 参照。

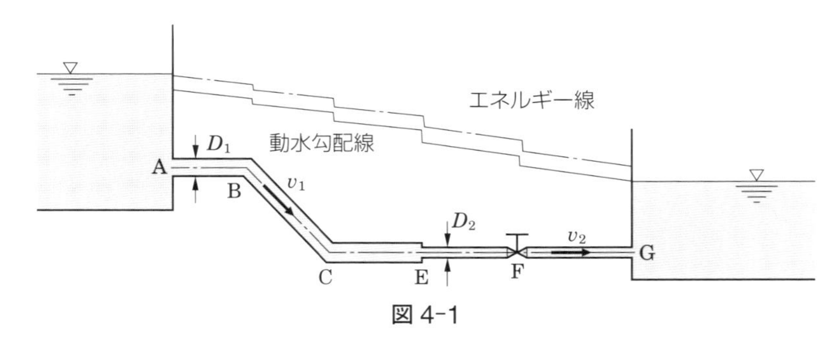

図 4-1

点 A：水槽から管への流入による損失水頭(h_e)

点 B，C：管の曲がり・屈折による損失水頭(h_b，h_{be})

点 E：管の断面変化による損失水頭(h_{se}，h_{sc}，h_{ge}，h_{gc})

点 F：弁などの管内障害物による損失水頭(h_v)

点 G：管からの流出による損失水頭(h_o)

これらの摩擦以外の各損失水頭は，水の流れが管壁から離れ，渦が発生し，エネルギーを消費するために生じる。また，各損失水頭は速度水頭 $\frac{v^2}{2g}$ に比例し，$f\frac{v^2}{2g}$ の形で表され，管内流速 v [m/s]，重力の加速度 g [m/s²] から，長さ [m] の単位をもつ。

1 流入による損失水頭

水が水槽などから管に流れ込むとき，流れはその入口で収縮し，ついで管全体にひろがる。このため，流入部に渦ができてエネルギーを消費し，図 4-2 のように，全水頭が h_e だけ減少する。

流入による損失水頭 h_e は，次式で表される。

$$\boldsymbol{h_e = f_e \frac{v^2}{2g}} \qquad (4\text{-}1)$$

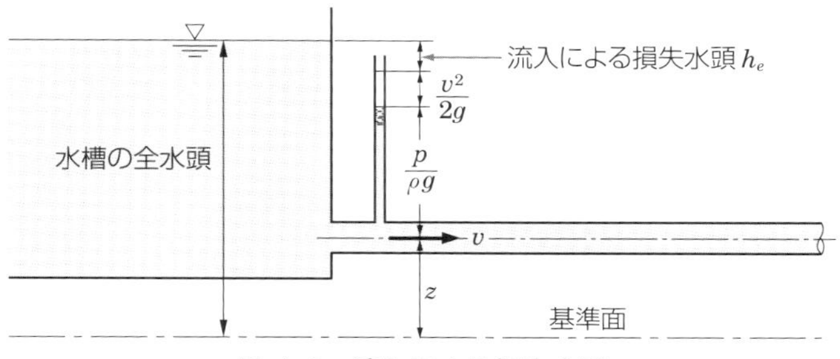

図 4-2　流入による損失水頭

式(4-1)の f_e を**流入損失係数**といい，その値は，管の入口の形によって異なるが，実験によると図 4-3 のようになる。

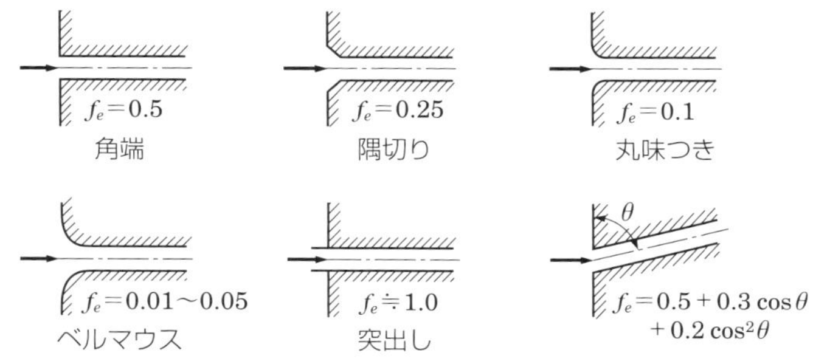

図 4-3　流入損失係数の値

図 4-4 のように，管径 50 mm の管で，流量 0.004 m³/s のとき，管入口近くの断面①に設けたマノメーターの水位が 1.170 m であった。流入損失係数はいくらか。

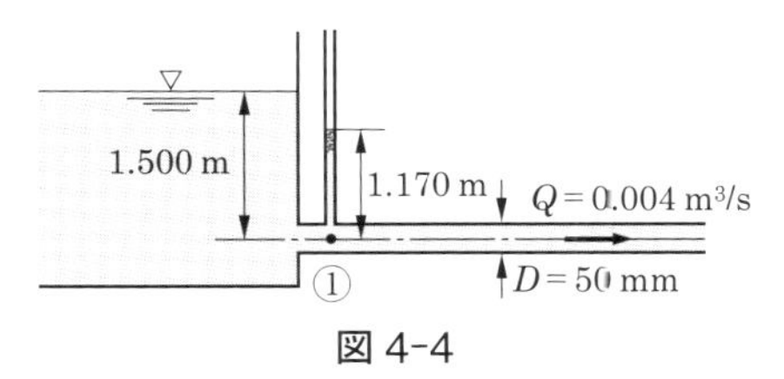

図 4-4

管内の流速 v は，

$$v = \frac{Q}{A} = \frac{0.004}{\frac{\pi \times 0.05^2}{4}} = 2.04 \text{ m/s}$$

速度水頭 $\frac{v^2}{2g}$ は，$\frac{v^2}{2g} = \frac{2.04^2}{2 \times 9.8} = 0.212 \text{ m}$

ゆえに，流入直後の全水頭 H_e は，$1.170 + 0.212 = 1.382$ m

したがって，流入損失水頭 h_e は，

$$h_e = 1.500 - 1.382 = 0.118 \text{ m}$$

式(4-1)から，$f_e = \frac{h_e}{\frac{v^2}{2g}} = \frac{0.118}{0.212} = \mathbf{0.557}$

2 曲がりおよび屈折による損失水頭

管の方向が変わる場合，流れが片寄り，流れの断面の収縮，ついで管全体への広がりにより，渦ができて損失水頭が生じる。方向の変化には，曲がりと屈折がある。

1 曲がりによる場合

5

図 4-5 に示すように，管が曲がる場合は，曲がりによる損失水頭 h_b と，曲線部の摩擦損失水頭 h_f が生じる。

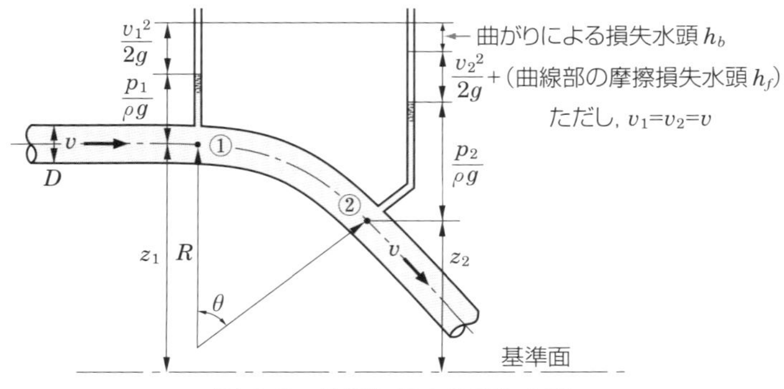

図 4-5　曲がりによる損失水頭

曲がりによる損失水頭の h_b は，次式で表される。

$$\boldsymbol{h_b = f_b \frac{v^2}{2g}} \tag{4-2}$$

上式の f_b を**曲がり損失係数**といい，その値は，曲がりの角度 θ や，曲率半径 R，管径 D などに影響され，次式のように表すことができる。

10

$$\boldsymbol{f_b = f_{b1} f_{b2}} \tag{4-3}$$

f_{b1}：$\theta = 90°$ のとき，$\frac{R}{D}$ によって決まる係数，

f_{b2}：θ によって決まる係数

15

f_{b1} と f_{b2} の実験値を図 4-6 に示す。

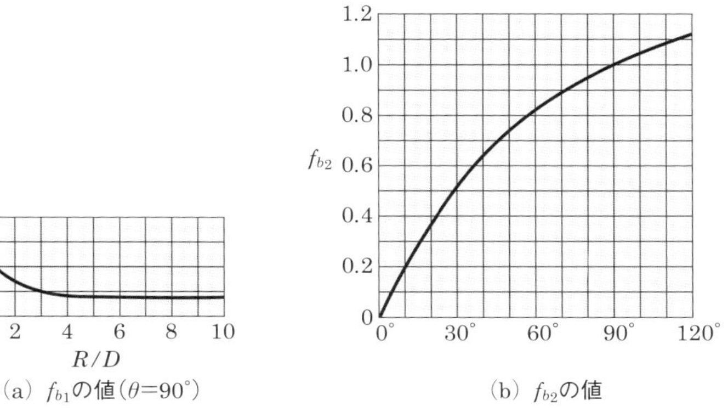

(a) f_{b1}の値(θ=90°)　(b) f_{b2}の値

図 4-6　f_{b1}，f_{b2} の値

2 屈折による場合

図 4-7 のような屈折による損失水頭 h_{be} は次式で表される。

$$h_{be} = f_{be}\frac{v^2}{2g} \qquad (4\text{-}4)$$

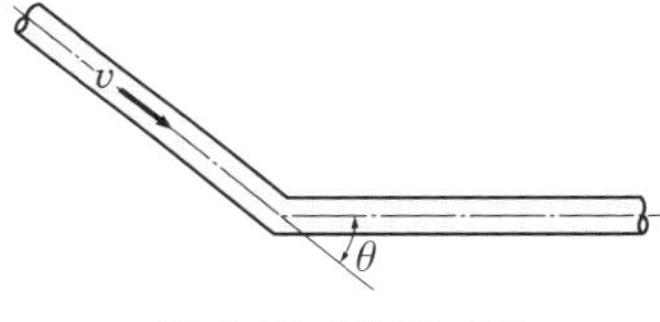

図 4-7　管の屈折

上式の f_{be} を**屈折損失係数**といい，f_{be} を求めるには，次の実験式がある。

$$f_{be} = 0.946\sin^2\frac{\theta}{2} + 2.05\sin^4\frac{\theta}{2} \qquad (4\text{-}5)$$

式(4-5)で f_{be} を計算した値を表 4-1 に示す。

表 4-1　f_{be} の値

θ	f_{be}
15°	0.017
30°	0.073
45°	0.183
60°	0.365
90°	0.986
120°	1.863

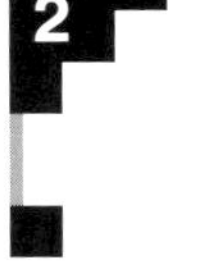
例題 2

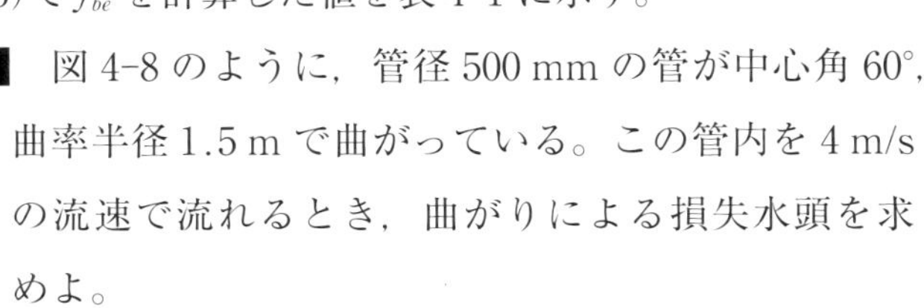
図 4-8 のように，管径 500 mm の管が中心角 60°，曲率半径 1.5 m で曲がっている。この管内を 4 m/s の流速で流れるとき，曲がりによる損失水頭を求めよ。

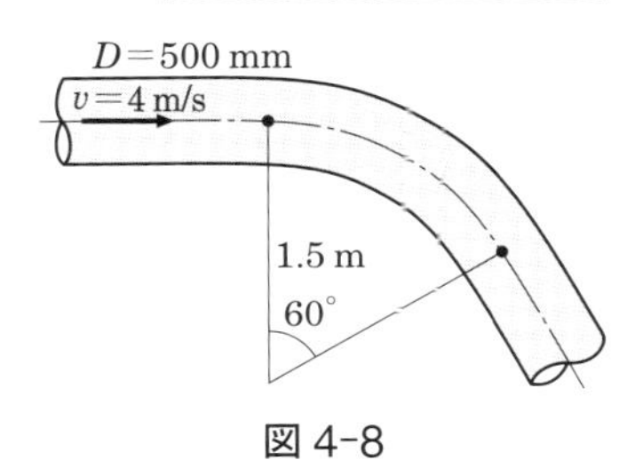

図 4-8

解答

図 4-6 において，$\dfrac{R}{D} = \dfrac{1.5}{0.5} = 3$ に対する f_{b1} は，$f_{b1} = 0.1$，また，$\theta = 60°$ に対する f_{b2} は，$f_{b2} = 0.82$ であるから，

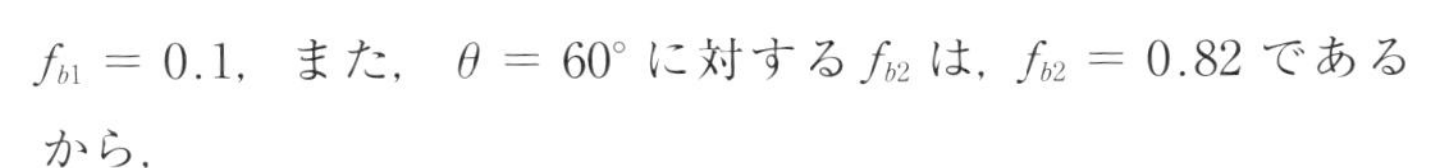

$$f_b = f_{b1} f_{b2} = 0.1 \times 0.82 = 0.082$$

式(4-2)から，損失水頭 h_b は次のようになる。

$$h_b = f_b\frac{v^2}{2g} = 0.082 \times \frac{4^2}{2 \times 9.8} = \mathbf{0.067\ m}$$

3 断面変化による損失水頭

1 断面が急に拡大する場合

図 4-9 のように，細い管から急に太い管に変わる場合は，太い管のすみに渦ができ，流れのエネルギーが失われる。急拡による損失水頭 h_{se} は，細い管内の流速を v_1 として，次式で表される。

$$\boldsymbol{h_{se} = f_{se}\frac{v_1^2}{2g}} \tag{4-6}$$

式(4-6)の f_{se} を**急拡損失係数**といい，次式で計算できる。

$$\boldsymbol{f_{se} = \left(1 - \frac{A_1}{A_2}\right)^2 = \left\{1 - \left(\frac{D_1}{D_2}\right)^2\right\}^2} \tag{4-7}$$

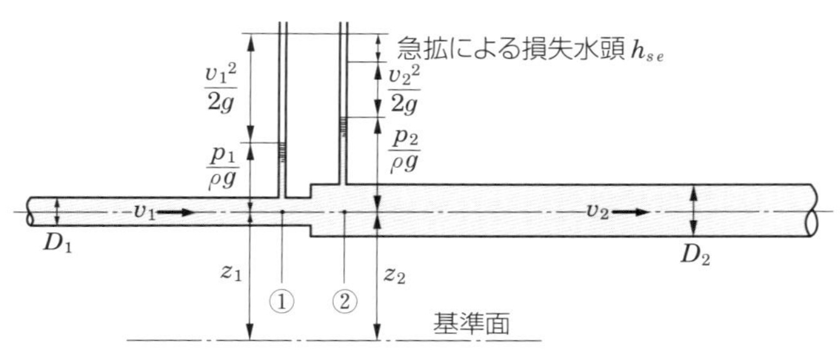

図 4-9　急拡による損失水頭

例題 3　管径 200 mm の管が管径 400 mm に急拡している。この管内を流量 0.065 m³/s で水が流れるとき，急拡による損失水頭を求めよ。

解答

細い管内の流速 v_1 は，

$$v_1 = \frac{Q}{A_1} = \frac{0.065}{\dfrac{\pi \times 0.2^2}{4}} = 2.07 \text{ m/s}$$

式(4-7)から，急拡損失係数は次のようになる。

$$f_{se} = \left\{1 - \left(\frac{D_1}{D_2}\right)^2\right\}^2 = \left\{1 - \left(\frac{0.2}{0.4}\right)^2\right\}^2 = 0.563$$

式(4-6)から，損失水頭 h_{se} は次のようになる。

$$h_{se} = f_{se}\frac{v_1^2}{2g} = 0.563 \times \frac{2.07^2}{2 \times 9.8} = \mathbf{0.123 \text{ m}}$$

2 断面が急に縮小する場合

図 4-10 に示すように，管の断面が急縮する場合の損失水頭 h_{sc} は，細い管内の流速を v_2 として，次式で表される。

$$h_{sc} = f_{sc}\frac{v_2^2}{2g} \quad (4\text{-}8)$$

5　上式の f_{sc} を**急縮損失係数**といい，その実験値を表 4-2 に示す。

表 4-2　f_{sc} の値

A_2/A_1	f_{sc}
0.1	0.41
0.2	0.38
0.3	0.34
0.4	0.29
0.5	0 24
0.6	0.18
0.7	0.14
0.8	0.09
0.9	0.04
1.0	0

$\left(ただし，A_1 = \frac{\pi D_1^2}{4}, \quad A_2 = \frac{\pi D_2^2}{4}\right)$

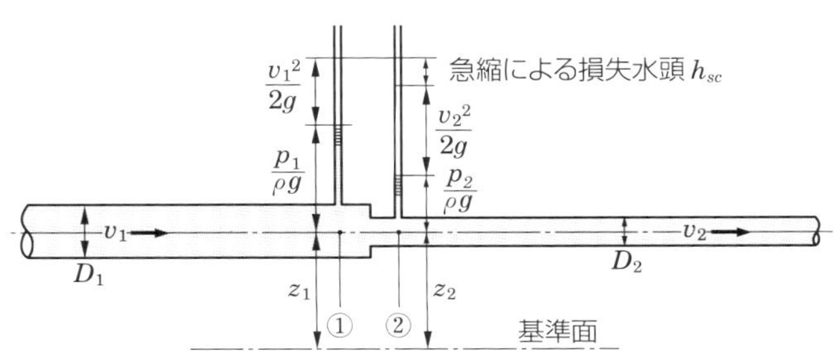

図 4-10　急縮による損失水頭

3 断面が徐々に拡大する場合

図 4-11 に示すように，管の断面が漸拡(ぜんかく)する場合の損失水頭 h_{ge} は，次式で表される。

$$h_{ge} = f_{ge}\frac{(v_1 - v_2)^2}{2g} \quad (4\text{-}9)$$

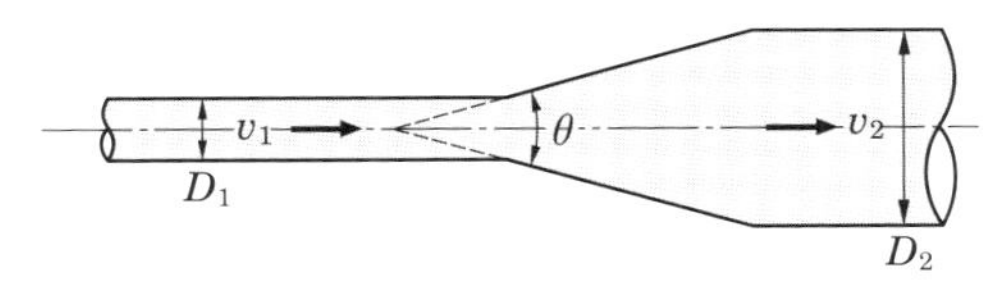

図 4-11　断面の漸拡

10　上式の f_{ge} を**漸拡損失係数**といい，その値は，図 4-12 から求められる。

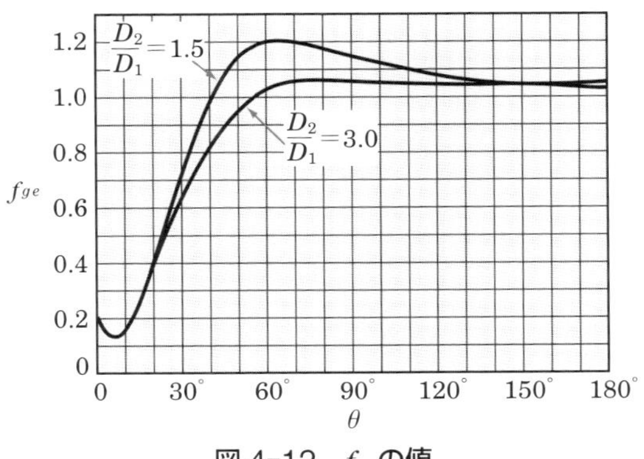

図 4-12　f_{ge} の値

4 断面が徐々に縮小する場合

図 4-13 に示すように，管の断面が漸縮（ぜんしゅく）する場合の損失水頭 h_{gc} は，次式で表される。

$$\boldsymbol{h_{gc}=f_{gc}\frac{v_2{}^2}{2g}} \tag{4-10}$$

上式の f_{gc} を**漸縮損失係数**といい，その値は，図 4-14 から求められる。

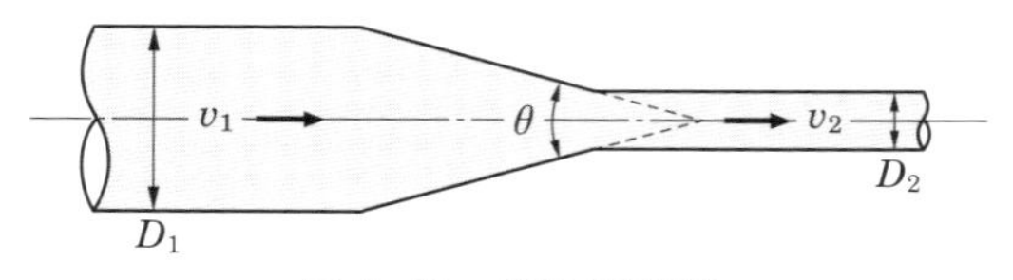

図 4-13　断面の漸縮

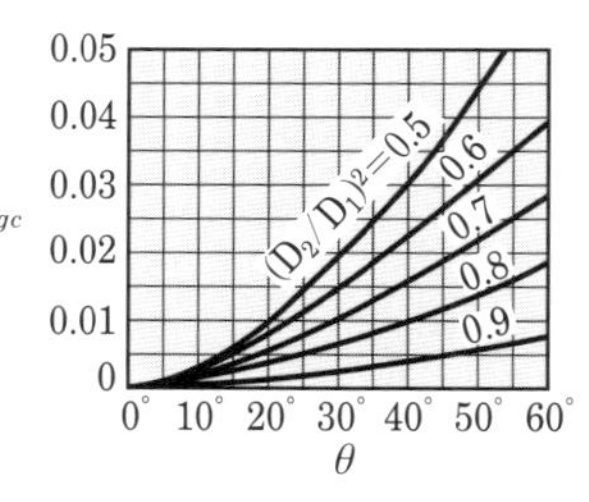

図 4-14　f_{gc} の値

4 弁による損失水頭

弁による損失水頭は，その部分で流れが急縮し，再び急拡するために生じるもので，次式で表される。

$$\boldsymbol{h_v=f_v\frac{v^2}{2g}} \tag{4-11}$$

上式の f_v を**弁損失係数**といい，その値は，表 4-3 に示すように，図 4-15 のような弁の種類や開きの程度によって変化する。

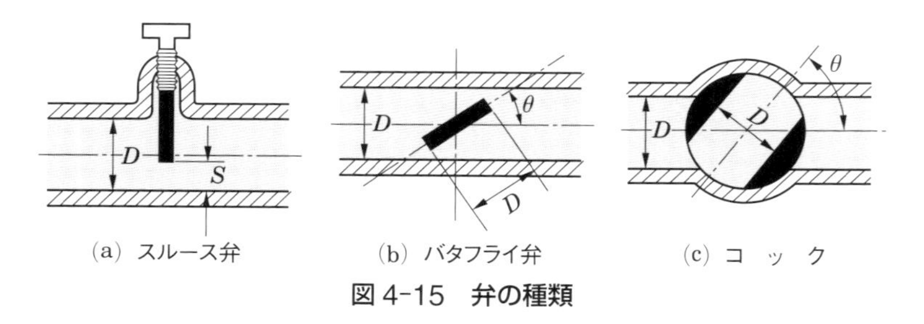

(a) スルース弁　(b) バタフライ弁　(c) コ ッ ク

図 4-15　弁の種類

表 4-3　弁損失係数 f_v の値

弁の種類	開度と f_v									
スルース弁	S/D	7/8	6/8	5/8	4/8	3/8	2/8	1/8	0/8	—
	f_v	0.07	0.26	0.81	2.06	5.52	17.0	97.8	∞	—
バタフライ弁	θ	5°	10°	20°	30°	40°	50°	60°	70°	90°
	f_v	0.24	0.52	1.54	3.91	10.8	32.6	118	751	∞
コック	θ	5°	10°	20°	30°	40°	50°	60°	65°	80°
	f_v	0.05	0.29	1.56	5.47	17.3	52.6	206	486	∞

例題 4

管径 200 mm の管で，流量 0.045 m³/s の水が流れているとき，弁を設けた。この弁による損失水頭を求めよ。

ただし，弁はバタフライ弁（$\theta = 10°$）とする。

解答

流積 $A = \dfrac{\pi D^2}{4} = \dfrac{\pi \times 0.2^2}{4} = 0.0314\ \text{m}^2$

流速 $v = \dfrac{Q}{A} = \dfrac{0.045}{0.0314} = 1.43\ \text{m/s}$

弁損失係数 f_v は，表 4-3 から 0.52 である。

式(4-11)から，弁による損失水頭 h_v は次のようになる。

$$h_v = f_v \frac{v^2}{2g} = 0.52 \times \frac{1.43^2}{2 \times 9.8} = \mathbf{0.054\ m}$$

5 流出による損失水頭

図 4-16 のように，水が管の末端で水槽に流れ込むとき，流出水は水槽の水と衝突し，渦を生じる。管内の速度水頭は，この渦のエネルギーに変化し，やがて消失する。また，水を大気中に放出する場合も，速度水頭はすべて失われる。このように，管の末端では，エネルギーが速度水頭分 $\dfrac{v^2}{2g}$ だけ減少するので，流出による損失水頭 h_o は，次のように表すことができる。

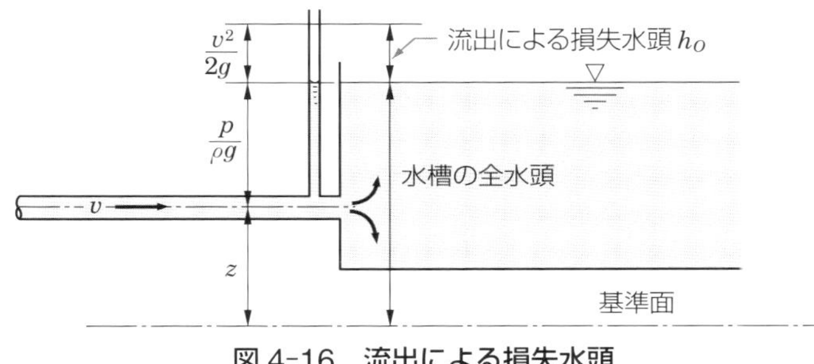

図 4-16　流出による損失水頭

$$\boldsymbol{h_o = \frac{v^2}{2g} = f_o \frac{v^2}{2g}} \qquad (4\text{-}12)$$

上式の f_o を**流出損失係数**といい，$f_o = 1.0$ である。

例題 5

管径 300 mm の管で，流量 0.060 m³/s の水が流れているとき，水槽に流出するさいの流出損失水頭を求めよ。

解答

流積 $A = \dfrac{\pi D^2}{4} = \dfrac{\pi \times 0.30^2}{4} = 0.0707\ \text{m}^2$

流速 $v = \dfrac{Q}{A} = \dfrac{0.060}{0.0707} = 0.849\ \text{m/s}$

流出損失係数 $f_o = 1.0$ であるから，流出による損失水頭 h_o は，式(4-12)から，次のようになる。

$$h_o = f_o \frac{v^2}{2g} = 1.0 \times \frac{0.849^2}{2 \times 9.8} = \mathbf{0.037\ m}$$

2　単線管水路

1　管径が一定な場合の流量と動水勾配線

図 4-17 のように，二つの水槽を管径が一定な管水路で結んだ場合について考えてみる。

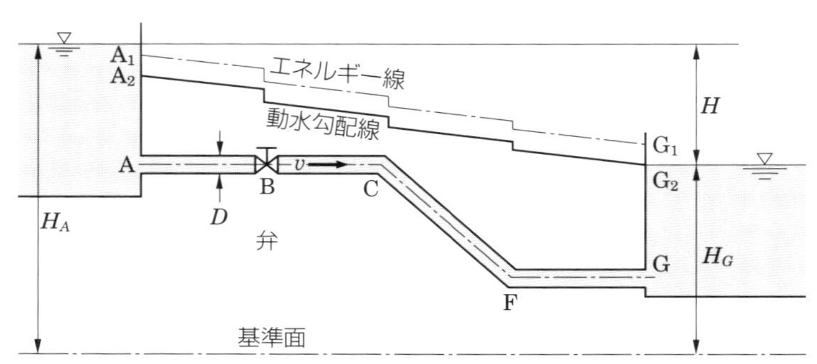

図 4-17　管径一定の管水路

はじめに，二つの水槽の水面の間に，ベルヌーイの定理を適用する。水槽の容量が大きいとき，水面では流速と圧力はともに 0 であるから，

$$\frac{0^2}{2g} + H_A + \frac{0}{\rho g} = \frac{0^2}{2g} + H_G + \frac{0}{\rho g} + [\text{A〜G 間の損失水頭}]$$

ゆえに，A〜G 間の損失水頭 H は，次のようになる。

$$H = H_A - H_G$$

すなわち，**水槽の水位差は，管水路の入口から出口までの全損失水頭に等しい**。

ここで，管径を D，管の全長を l，流速を v，摩擦損失係数を f とし，各部分の損失水頭を求めると，表 4-4 のようになる。

水槽の水位差 H は，これらの損失水頭の和に等しいから，

$$\boldsymbol{H = \left(f_e + f_v + \Sigma f_b + f_o + f\frac{l}{D}\right)\frac{v^2}{2g}} \qquad (4\text{-}13)$$

上式から流速 v を求め，流量 $Q = \dfrac{\pi D^2}{4} v$ を計算する。

表 4-4

地点	損失水頭の種類	式
A	流入による損失水頭	$h_e = f_e \dfrac{v^2}{2g}$
B	弁による損失水頭	$h_v = f_v \dfrac{v^2}{2g}$
C F	曲がりによる損失水頭	$\Sigma h_b = (\Sigma f_b)\dfrac{v^2}{2g}$
G	流出による損失水頭	$h_o = f_o \dfrac{v^2}{2g}$
A～G	摩擦による損失水頭	$h_f = f\dfrac{l}{D}\dfrac{v^2}{2g}$

流速 v は，次のようになる。

$$\boldsymbol{v = \sqrt{\frac{2gH}{f_e + f_v + \Sigma f_b + f_o + f\dfrac{l}{D}}}} \qquad (4\text{-}14)$$

また，与えられた流量を流すのに必要な水槽の水位差 H は，式(4-13)から求められる。

次に，管水路の各点の全水頭を求め，その高さを連ねるとエネルギー線を描くことができる。摩擦損失水頭は，管水路の長さに比例して大きくなり，このほかに，流入・流出・曲がり・弁などの局部的損失があるので，エネルギー線は，図 4-17 のように，階段状の傾斜直線 A_1G_1 となる。

動水勾配線は，エネルギー線より速度水頭だけ低いので，A_2G_2 線のように描くことができる。

例題 6 水路を設けようとしたところ，ある地点で高速道路と交差した。道路が水路より低いので，図 4-18 のように，管水路で道路の下を横断することにした。流量 3 m³/s で水を流したいとき，水槽の水位差をいくらにしなければならないか。ただし，$f_e = 0.8$，$f_{bB} = f_{bC} = 0.2$，$n = 0.013$ とする。

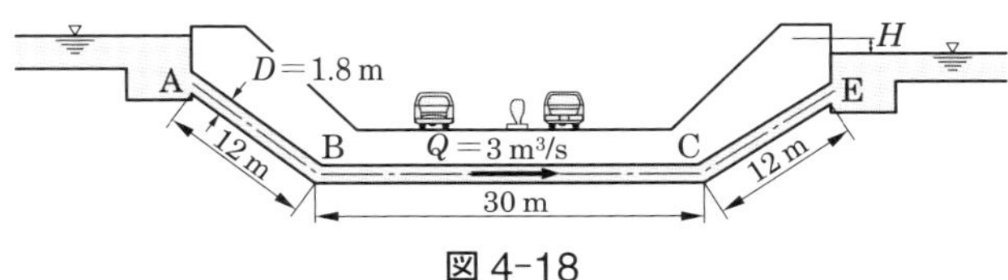

図 4-18

解答

マニングの式(3-21)によって摩擦損失係数fを求めると，

$$f = \frac{124.5\,n^2}{D^{\frac{1}{3}}} = \frac{124.5 \times 0.013^2}{1.8^{\frac{1}{3}}} = 0.0173$$

流速vは，

$$v = \frac{Q}{A} = \frac{3}{\dfrac{\pi \times 1.8^2}{4}} = 1.18\ \text{m/s}$$

水槽の水位差Hは，式(4-13)から求めるが，弁がないので，

$$H = \left(f_e + \Sigma f_b + f_o + f\frac{l}{D}\right)\frac{v^2}{2g}$$

$$= \left(0.8+2\times0.2+1.0+0.0173\times\frac{54}{1.8}\right)\times\frac{1.18^2}{2\times9.8} = \mathbf{0.193\ m}$$

例題 7

浄水場において，急速沪(ろ)過池の水面と地下に設けた浄水池水面との水位差が3 mある。この二つの池を図4-19のような管水路で連絡するとき，流量はいくらか。ただし，管の全長50 m，管径0.5 mで，$f_e = 0.5$，$f_{bB} = f_{bC} = 0.99$，$f_v = 0.1$，$n = 0.012$とする。

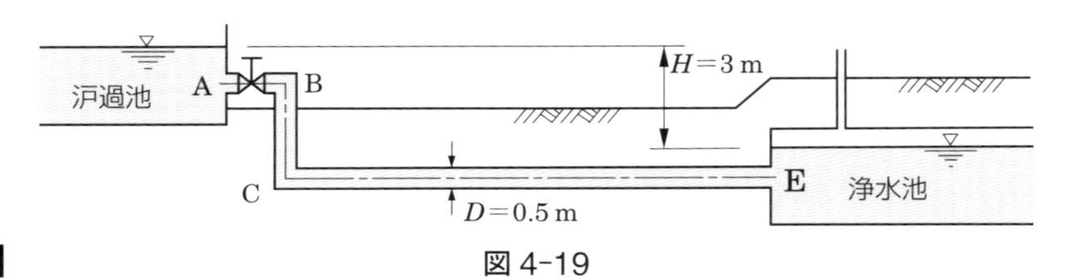

図4-19

解答

摩擦損失係数fを求めると，表3-4から，$f = 0.0226$

式(4-14)から，流速vは次のようになる。

$$v = \sqrt{\frac{2gH}{f_e + f_v + \Sigma f_b + f_o + f\dfrac{l}{D}}}$$

$$= \sqrt{\frac{2\times9.8\times3}{0.5+0.1+2\times0.99+1.0+0.0226\times\dfrac{50}{0.5}}} = 3.17\ \text{m}$$

ゆえに，$Q = Av = \dfrac{\pi \times 0.5^2}{4} \times 3.17 = \mathbf{0.622\ m^3/s}$

2　管径が一定な場合の管径の決定

図4-20のように，管径が一定な管水路で，水槽の水位差Hがわかっており，与えられた流量Qで水を流すとき，必要な管径Dを求める場合について考えてみる。

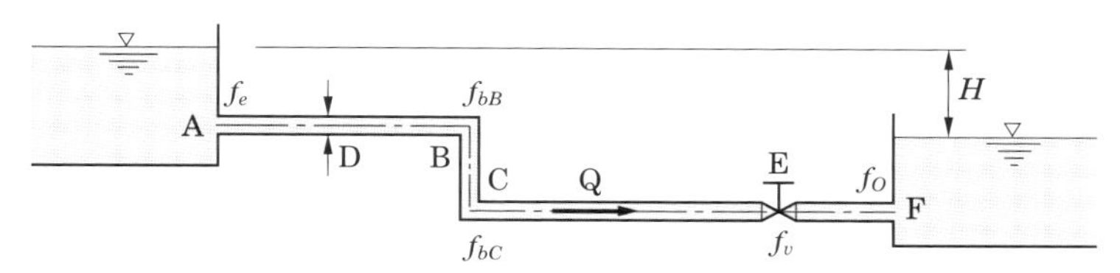

図4-20　管径が一定な管水路

図において，管の全長をlとして，式(4-13)に，

$$Q=\frac{\pi D^2}{4}v,\quad すなわち,\quad v=\frac{4Q}{\pi D^2}$$

を代入すると，水位差Hは次のようになる。

$$H=\left(f_e+f_v+\Sigma f_b+f_o+f\frac{l}{D}\right)\frac{8Q^2}{g\pi^2D^4}$$

したがって，管径Dは次のようになる。

$$\boldsymbol{D^5=\frac{8Q^2}{g\pi^2H}\{(f_e+f_v+\Sigma f_b+f_o)D+fl\}}\qquad(4\text{-}15)$$

上式によって，管径Dを計算することができるが，この式の右辺にもDを含むので，次の例題のように，試算法によって近似値を求めることになる。

例題 8　水位差8 mの二つの水槽を長さ60 mの管で結び，流量0.24 m³/sを流したい。管径をいくらにすればよいか。

ただし，管は新しい鋳鉄管を用い，途中に損失係数0.9の曲がりを二つ設けることにする。また$f_e=0.5$とする。

解答　試算法では，はじめにDを仮定しなければならないが，その見当がつけにくいので，摩擦以外の損失を無視し，マニングの式でDを求めてみる。

$$Q=Av=\frac{\pi D^2}{4}\times\frac{1}{n}R^{\frac{2}{3}}I^{\frac{1}{2}}=\frac{\pi D^2}{4}\times\frac{1}{n}\left(\frac{D}{4}\right)^{\frac{2}{3}}I^{\frac{1}{2}}$$

上式の両辺を3乗してDを求めると，次のようになる。

$$D^8=33.03\left(\frac{1}{I}\right)^{\frac{3}{2}}n^3Q^3$$

ここで，$I=\dfrac{H}{l}=\dfrac{8}{60}$であり，$n=0.013$とすると，

$$D^8=33.03\times\left(\frac{60}{8}\right)^{\frac{3}{2}}\times0.013^3\times0.24^3=0.0000206$$

ゆえに，$D=0.0000206^{\frac{1}{8}}=0.260\ \mathrm{m}$

この値を第1近似値として仮定する。

このDの値に対するfは，

$$f=\frac{124.5n^2}{D^{\frac{1}{3}}}=\frac{124.5\times0.013^2}{0.260^{\frac{1}{3}}}=0.0330$$

これらのD，fの値を式(4-15)に代入してDを求めると，

$$D^5=\frac{8Q^2}{g\pi^2H}\{(f_e+\Sigma f_b+f_o)D+fl\}$$

$$=\frac{8\times0.24^2}{9.8\times\pi^2\times8}\{(0.5+2\times0.9+1.0)\times0.260+0.0330\times60\}$$

$$=0.000596\times(3.3\times0.260+1.98)=0.00169$$

ゆえに，$D=0.00169^{\frac{1}{5}}=0.279\ \mathrm{m}$

こうして求まった第2近似値は，はじめに仮定した第1近似値と一致しないので，ふたたび，管径Dを第2近似値の0.279 mと仮定する。

$$f=\frac{124.5\times0.013^2}{0.279^{\frac{1}{3}}}=0.0322$$

$$D^5=0.000596\times(3.3\times0.279+0.0322\times60)=0.00170$$

$$D=0.00170^{\frac{1}{5}}=\mathbf{0.279\ m}$$

この値は，仮定した第2近似値と一致するので，Dは**0.279 m**とする。

3 管径が異なる場合の流量と動水勾配線

図4-21のように，管径が異なる管が連結されている場合の流量Qを求める。

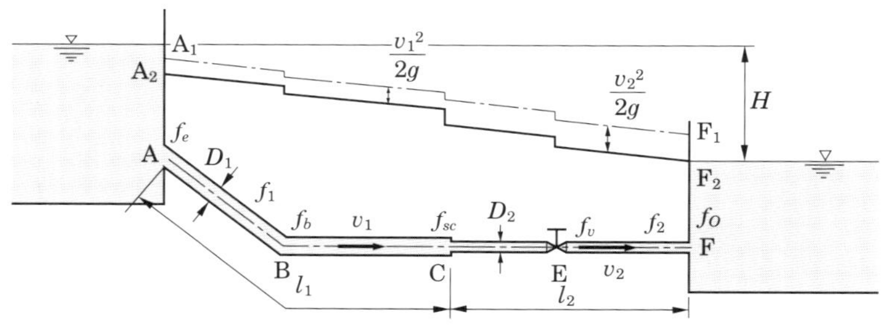

図4-21 管径が異なる場合

管径 D_1 の部分の長さを l_1，流速を v_1，摩擦損失係数を f_1 とし，管径 D_2 の部分についても同様に，l_2，v_2，f_2 とする。また，流入・曲がり・急縮・弁・流出における損失係数をそれぞれ f_e，f_b，f_{sc}，f_v，f_o とする。

水槽の水位差 H は，損失水頭の和に等しいから，次式が得られる。

$$H=\left(f_e+f_1\frac{l_1}{D_1}+f_b\right)\frac{v_1^2}{2g}+\left(f_{sc}+f_2\frac{l_2}{D_2}+f_v+f_o\right)\frac{v_2^2}{2g}$$

上式に，$v_2=\left(\frac{D_1}{D_2}\right)^2 v_1$ を代入して整理すると，

$$H=\left\{f_e+f_1\frac{l_1}{D_1}+f_b+\left(f_{sc}+f_2\frac{l_2}{D_2}+f_v+f_o\right)\left(\frac{D_1}{D_2}\right)^4\right\}\frac{v_1^2}{2g}$$

これから流速 v_1，および流量 Q を求める。

$$\left.\begin{aligned}\boldsymbol{v_1}&=\sqrt{\frac{2gH}{f_e+f_1\frac{l_1}{D_1}+f_b+\left(f_{sc}+f_2\frac{l_2}{D_2}+f_v+f_o\right)\left(\frac{D_1}{D_2}\right)^4}}\\ \boldsymbol{Q}&=\frac{\pi D_1^2}{4}v_1\end{aligned}\right\}\quad(4\text{-}16)$$

エネルギー線は，図 4-21 の A_1F_1 線となり，動水勾配線は，A_1F_1 線よりそれぞれの管の速度水頭分だけ低い A_2F_2 線になる。

例題 9 図 4-22 のような管水路の流量を計算せよ。また，管水路に沿って各点のエネルギー線と動水勾配線の高さを計算し，図を描け。ただし，$f_e=0.5$，$f_b=0.3$，$f_v=0.07$，$f_{se}=0.3$，$f_{sc}=0.2$，$n=0.012$ とする。

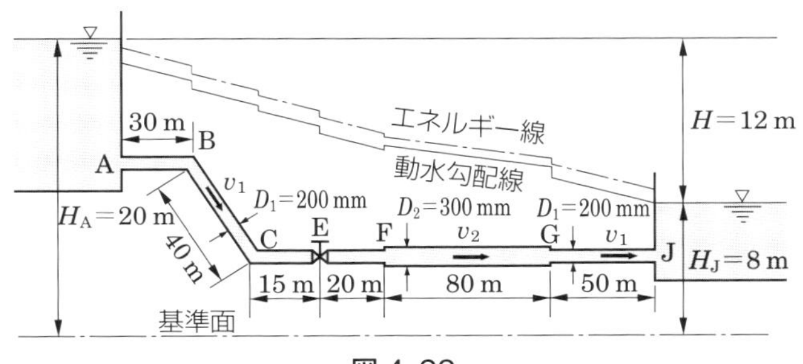

図 4-22

解答 管径 D_1，D_2 部分の管の長さを l_1，l_2 とし，摩擦損失係数を f_1，f_2 とする。

$$l_1=30+40+15+20+50=155\text{ m},\quad l_2=80\text{ m}$$

表 3-4 から，$f_1=0.0306$，$f_2=0.0268$

$$v_1 = \sqrt{\frac{2gH}{f_e + \Sigma f_b + f_v + f_{se} + f_{sc} + f_o + f_1 \dfrac{l_1}{D_1} + f_2 \dfrac{l_2}{D_2}\left(\dfrac{D_1}{D_2}\right)^4}}$$

$\sqrt{\quad}$ の中の分数の分母は，次のようになる。

$$0.5 + 2 \times 0.3 + 0.07 + 0.3 + 0.2 + 1.0 + 0.0306 \times \frac{155}{0.2}$$

$$+ 0.0268 \times \frac{80}{0.3} \times \left(\frac{0.2}{0.3}\right)^4 = 27.8$$

ゆえに，$v_1 = \sqrt{\dfrac{2 \times 9.8 \times 12}{27.8}} = 2.91\ \mathrm{m/s}$　5

したがって，流量 Q は次のようになる。

$$Q = \frac{\pi \times 0.2^2}{4} \times 2.91 = 0.0914\ \mathrm{m^3/s}$$

次に，各種の損失水頭を求める。

$$v_2 = \left(\frac{D_1}{D_2}\right)^2 v_1 = \left(\frac{0.2}{0.3}\right)^2 \times 2.91 = 1.29\ \mathrm{m/s}$$

$$\frac{v_1{}^2}{2g} = \frac{2.91^2}{2 \times 9.8} = 0.432\ \mathrm{m},\quad \frac{v_2{}^2}{2g} = \frac{1.29^2}{2 \times 9.8} = 0.085\ \mathrm{m}$$　10

であるから，それぞれの損失水頭は，表 4-5 のようになる。

表 4-5

地点	損失水頭	計算　[m]
A	流入による　h_e	$0.5 \times 0.432 = 0.216$
A〜B	摩擦(30 m)　h_f	$0.0306 \times \dfrac{30}{0.2} \times 0.432 = 1.983$
B	曲がりによる　h_b	$0.3 \times 0.432 = 0.130$
B〜C	摩擦(40 m)　h_f	$0.0306 \times \dfrac{40}{0.2} \times 0.432 = 2.644$
C	曲がりによる　h_b	$0.3 \times 0.432 = 0.130$
C〜E	摩擦(15 m)　h_f	$0.0306 \times \dfrac{15}{0.2} \times 0.432 = 0.991$
E	弁による　h_v	$0.07 \times 0.432 = 0.030$
E〜F	摩擦(20 m)　h_f	$0.0306 \times \dfrac{20}{0.2} \times 0.432 = 1.322$
F	急拡による　f_{se}	$0.3 \times 0.432 = 0.130$
F〜G	摩擦(80 m)　h_f	$0.0268 \times \dfrac{80}{0.3} \times 0.085 = 0.607$
G	急縮による　h_{sc}	$0.2 \times 0.432 = 0.086$
G〜J	摩擦(50 m)　h_f	$0.0306 \times \dfrac{50}{0.2} \times 0.432 = 3.305$
J	流出による　h_o	$1.0 \times 0.432 = 0.432$
	合計　H	12.006

これらの損失水頭を合計すると，$H = 12.006$ m となり，与えられた水位差の $H = 12$ m とほぼ一致する。0.006 m の差が生じたのは，各地点ごとに分割した計算誤差によるためである。

上の結果から，各点の上流側と下流側におけるエネルギー線と動水勾配線の高さを求めると，表 4-6 のようになる。

表 4-6

		A	B	C	E	F	G	J
エネルギー線	上流	20.000	17.801	15.027	13.906	12.554	11.817	8.426
	下流	19.784	17.671	14.897	13.876	12.424	11.731	7.994
動水勾配線	上流	20.000	17.369	14.595	13.474	12.122	11.732	7.994
	下流	19.352	17.239	14.465	13.444	12.339	11.299	7.994

4 サイホン

図 4-23 のように，管水路の一部が動水勾配線の上にある場合，これを**サイホン**[1]という。

[1] siphon

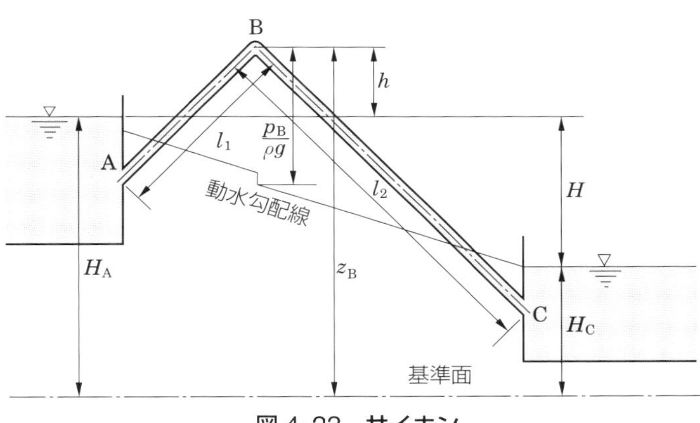

図 4-23　サイホン

この場合，サイホンの頂部 B は水槽の水面より高いため，水は B まで上がらないが，最初に，ポンプなどでサイホンの中を真空にすれば，水槽の水面に作用する大気圧によって，水は B まで押し上げられ，B を越えて流れるようになる。サイホンの中が水で満たされると，継続して流れるようになる。

図において，動水勾配線は，基準面上 $z + \dfrac{p}{\rho g}$ の高さであり，サイホンの一部では z が大きいため，圧力水頭 $\dfrac{p}{\rho g}$ が負になる。

ここで，圧力は－1 気圧（水頭は－10.33 m）以下になることはできないが，実際には，サイホン内の圧力がある程度低くなると，水中に溶けていた空気が放出されたり，流れが曲がるために遠心力が働き，圧力低下が促進される。そのため，点Bにおける圧力水頭$\dfrac{p_B}{\rho g}$が-10.33 mに達するまえに流れは遮断される。その限度は，通常-8〜-9 mである。

サイホンが作動したときの流速は，式(4-14)から，

$$\boldsymbol{v}=\sqrt{\frac{2gH}{1+f_e+f_b+f\dfrac{l_1+l_2}{D}}} \tag{4-17}$$

上式を用いて点Bの圧力水頭$\dfrac{p_B}{\rho g}$を求めてみる。

水槽Aの水面と点Bの間にベルヌーイの定理を用いると，

$$\frac{0^2}{2g}+H_A+\frac{0}{\rho g}=\frac{v^2}{2g}+z_B+\frac{p_B}{\rho g}+\left(f_e+f_b+f\frac{l_1}{D}\right)\frac{v^2}{2g}$$

ゆえに，$\dfrac{p_B}{\rho g}=H_A-z_B-\left(1+f_e+f_b+f\dfrac{l_1}{D}\right)\dfrac{v^2}{2g}$

この式のvに，式(4-17)を代入すると，

$$\left.\begin{aligned}\frac{p_B}{\rho g}&=H_A-z_B-\frac{1+f_e+f_b+f\dfrac{l_1}{D}}{1+f_e+f_b+f\dfrac{l_1+l_2}{D}}H\\&=-h-\frac{1+f_e+f_b+f\dfrac{l_1}{D}}{1+f_e+f_b+f\dfrac{l_1+l_2}{D}}H\end{aligned}\right\} \tag{4-18}$$

このようにして求めた$\dfrac{p_B}{\rho g}$が，-8〜-9 mより小さくなると，すでに学んだように水は流れなくなる。また，式(4-18)で$\dfrac{p_B}{\rho g}=-8$ mとおけば，サイホンが働いて，水が流れる状態での最大限のhやHを計算することができる。すなわち，

$$\left.\begin{aligned}h_{max}&=8-\frac{1+f_e+f_b+f\dfrac{l_1}{D}}{1+f_e+f_b+f\dfrac{l_1+l_2}{D}}H\\H_{max}&=\frac{1+f_e+f_b+f\dfrac{l_1+l_2}{D}}{1+f_e+f_b+f\dfrac{l_1}{D}}(8-h)\end{aligned}\right\} \tag{4-19}$$

89ページの例題6のように，水路が道路や鉄道線路などを横断

するとき，これらの下に管水路を通す場合がある。これを**逆サイホン**または**伏越し**という。逆サイホンはサイホンと異なり，水理学的にとくに問題はなく，一般の管水路として計算すればよい。

加賀の「辰巳(たつみ)用水」

寛永 9 年(1632 年)，加賀の前田藩において，逆サイホン(伏越し)の原理を用いた，図 4-24 のような大規模な用水路「辰己用水」がつくられた。

現在の石川県金沢市の犀(さい)川上流から取水し，トンネル・暗渠を利用して約 8 km 下流の兼六園まで導水し，さらに逆サイホンの原理により，町より高い位置にある金沢城内に揚水している。

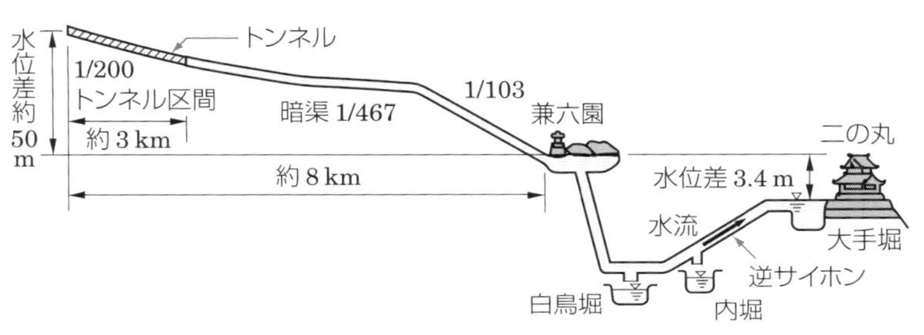

図 4-24　辰巳用水

これは，寛永 8 年(1631 年)，金沢城下の大火によって金沢城が焼失。翌年，城の防火用水として，小松町人の板屋兵四郎の設計により，きわめて短期間(6〜9 か月)の突貫工事で辰巳用水がつくられた。

この用水は，兼六園の池を沈砂池に兼ねたり，損失水頭をできるだけ小さくする管路断面を用いたり，随所に土木技術の工夫がみられる。

例題 10　図 4-25 に示すサイホンにおいて，水槽の水位差が 5 m のとき，流速を計算せよ。また，水槽 C の位置を自由に調整できるとき，水がサイホン内を流れる状態において，二つの水槽の最大限の水位差を求めよ。

ただし，$f_e = 0.7$，$f_b = 0.9$，$n = 0.013$ とする。

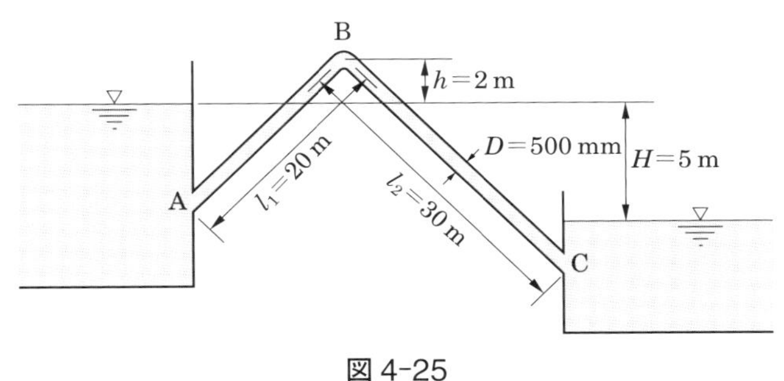

図 4-25

摩擦損失係数fは，表3-4（p.57）から，$f = 0.0265$

水が流れるかどうかを調べるために，点Bの圧力水頭を式（4-18）から求めてみる。

$$\frac{p_B}{\rho g} = -h - \frac{1 + f_e + f_b + f\dfrac{l_1}{D}}{1 + f_e + f_b + f\dfrac{l_1 + l_2}{D}} H$$

$$= -2 - \frac{1 + 0.7 + 0.9 + 0.0265 \times \dfrac{20}{0.5}}{1 + 0.7 + 0.9 + 0.0265 \times \dfrac{20 + 30}{0.5}} \times 5$$

$$= -5.49\ \mathrm{m} > -8\ \mathrm{m}$$

点Bの圧力水頭が-8 m以上であるから，サイホンは働き，水は流れる。なお，点Bの圧力は，次のようになる。

$$p_B = \rho g H = 1000 \times 9.8 \times (-5.49)$$
$$= -53.8 \times 10^3\ \mathrm{N/m^2} = -53.8\ \mathrm{kPa}$$

式（4-17）から流速vは，次のように表される。

$$v = \sqrt{\frac{2gH}{1+f_e+f_b+f\dfrac{l_1+l_2}{D}}} = \sqrt{\frac{2\times9.8\times5}{1+0.7+0.9+0.0265\times\dfrac{20+30}{0.5}}}$$
$$= 4.32\ \mathrm{m/s}$$

式（4-19）から，H_{max}は，次のようになる。

$$H_{max} = \frac{1 + f_e + f_b + f\dfrac{l_1 + l_2}{D}}{1 + f_e + f_b + f\dfrac{l_1}{D}}(8 - h)$$

$$= \frac{1+0.7+0.9+0.0265\times\dfrac{20+30}{0.5}}{1+0.7+0.9+0.0265\times\dfrac{20}{0.5}} \times (8-2) = \mathbf{8.61\ m}$$

5 水車やポンプがある管水路

水車[1]は，水のエネルギーによって動力を発生する。**ポンプ**[2]は，その逆で，動力によって水にエネルギーを与え，水を高いところへ送る。管水路の途中に，水車やポンプがあると，その前後で大きなエネルギーの変化が起こる。

[1] turbine
[2] pump

1 水車

図4-26において，$(h_{l1} + h_{l2})$，すなわち管水路の損失水頭をh_lとする。水車における損失水頭H_Tは次式で表される。

$$\boldsymbol{H_T = H - (h_{l1} + h_{l2}) = H - h_l} \qquad (4\text{-}20)$$

なお，H を**総落差**[1]，H_T を**有効落差**[2]という。

[1]gross head
[2]net head

水車は，この水頭 H_T に相当するエネルギーを仕事に変えて，動力を発生する。その大きさは，理論上 $\rho g Q H_T$ [W] となり，これを**理論出力**という。実際の出力は，水車内に損失があるため，水車の効率 η_T(0.79〜0.92)を掛けて，次のように表される。

$$\boldsymbol{P = \rho g \eta_T \, Q H_T} \quad [\mathbf{W}] \qquad (4\text{-}21)$$

ρ：水の密度 [kg/m^3]，g：重力の加速度 [m/s^2]，
Q：流量 [m^3/s]，H_T：有効落差 [m]

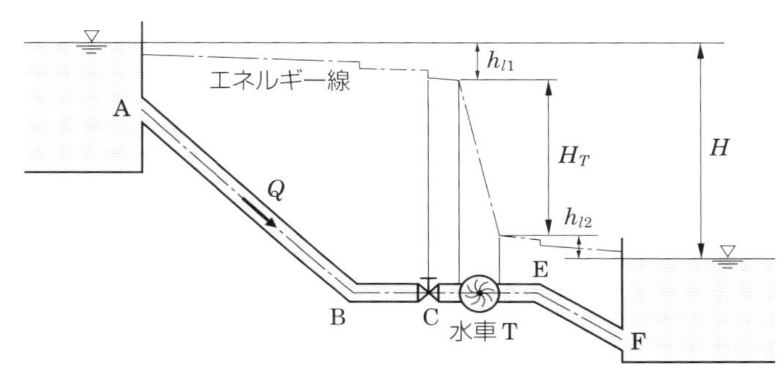

図 4-26　水車がある管水路

例題 11　図 4-26 において，流量 8 m^3/s，有効落差 67 m，水車の効率を 85% とするとき，その出力を求めよ。

解答　式(4-21)から，水車の出力を求めると，

$P = 1\,000 \times 9.8 \times 0.85 \times 8 \times 67$

$= 4\,465 \times 10^3$ W $=$ **4 465 kW**

2 ポンプ

図 4-27 のポンプがある場合，水を送るために，ポンプが水に加えなければならないエネルギーを水頭で表すと，図の H_P にあたり，

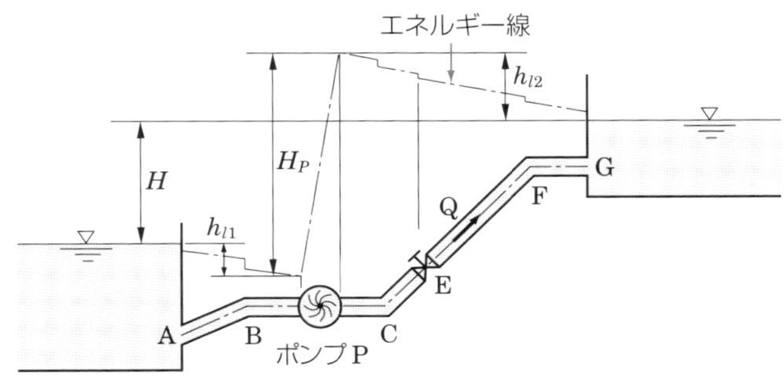

図 4-27　ポンプがある管水路

これを**全揚程**[1]という。

すなわち,

$$H_P = H + h_{l1} + h_{l2} = H + h_l \quad (4\text{-}22)$$

なお,Hを**実揚程**[2]という。

ポンプが必要とする動力は,理論上,ρgQH_P [W] であり,これを**水動力**という。しかし,実際にポンプが必要とする動力,すなわち**軸動力**は,ポンプの損失のために,水動力より大きくなければならない。水動力と軸動力の比を**ポンプの効率**[3]といい,η_P(0.65〜0.85)で表すと,軸動力Sは,次式で表される。

$$S = \frac{\rho gQH_P}{\eta_P} \quad [\mathrm{W}] \quad (4\text{-}23)$$

ρ:水の密度 [kg/m³],g:重力の加速度 [m/s²],
Q:流量 [m³/s],H_P:全揚程 [m]

❶total pump head
❷actual pump head
❸pump efficiency

例題 12 管径0.4 m,全長750 mの鋳鉄管を使って,水を送りたい。流量0.25 m³/s,実揚程50 mであった。この場合に必要なポンプの軸動力を求めよ。

ただし,粗度係数を0.013,ポンプの効率を0.8とし,管水路の摩擦以外の損失は無視する。

解答

表3-4(p. 57)から摩擦損失係数fは,$f = 0.0285$

流速vは,$v = \dfrac{Q}{A} = \dfrac{0.25}{\dfrac{\pi \times 0.4^2}{4}} = 1.99$ m/s

式(3-13)から摩擦損失水頭h_fを求めると,

$$h_f = f \times \frac{l}{D} \times \frac{v^2}{2g} = 0.0285 \times \frac{750}{0.4} \times \frac{1.99^2}{2 \times 9.8} = 10.8\ \mathrm{m}$$

全揚程H_Pは,式(4-22)と$h_l = h_f$から,

$$H_P = H + h_l = 50 + 10.8 = 60.8\ \mathrm{m}$$

式(4-23)から,軸動力Sを求めると,

$$S = \frac{\rho gQH_P}{\eta_P} = \frac{1000 \times 9.8 \times 0.25 \times 60.8}{0.8}$$

$$= 186 \times 10^3\ \mathrm{W} = \mathbf{186\ kW}$$

小水力発電

小水力発電は，マイクロ水力発電ともよばれ，発電量が 100kW 未満の水力発電のことである。ダムのように大規模な施設を必要とせず，上下水道施設や中小河川など小さな水路の流れを利用する。わが国においては，CO_2 が排出されない新しい発電技術として注目されている。図 4-28 に各種電源別の CO_2 排出量を示す。

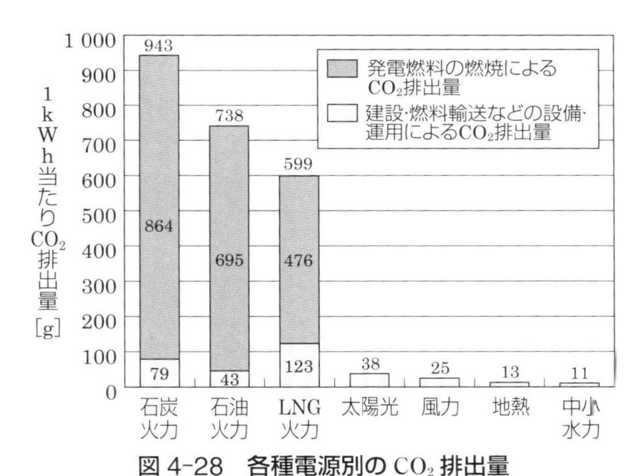

図 4-28　各種電源別の CO_2 排出量
（「原子力・エネルギー図面集 2011 年度版」より作成）

小水力発電の特徴としては，次のようなものがあげられる。

① 太陽光や風力より建設，運用，保守等に消費されるすべてのエネルギーを対象とした CO_2 排出量が最も少ないクリーンなエネルギー
② 海外の資源に頼らない純国産エネルギー
③ 繰り返し利用できる再生可能なエネルギー
④ 建設時の環境負荷が少なく短期間で設置可能
⑤ 地方に分散している小電力の需要に対応可能

図 4-29 に浄水場で利用されている小水力発電設備の概観を，図 4-30 にそのしくみの例を示す。

図 4-29　小水力発電設備

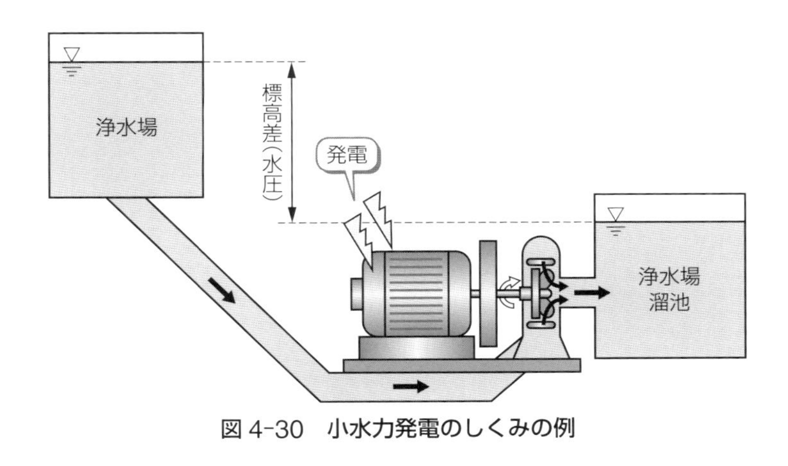

図 4-30　小水力発電のしくみの例

3 合流・分流する管水路

1 合流する管水路

図 4-31 のように，水槽 A の水と水槽 B の水が点 E で合流している場合，それぞれの管の流量を求める。

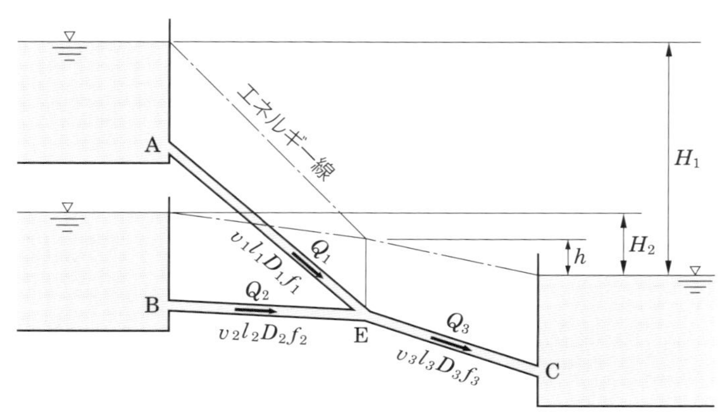

図 4-31 合流する場合

管水路が長い場合は，摩擦以外の損失は無視できるので，ここでは，摩擦損失水頭だけを考える。

合流点 E から C 水槽までの損失水頭を h とすると，次の関係がなりたつ。

AE 間の損失水頭 $$H_1 - h = f_1 \frac{l_1}{D_1} \cdot \frac{v_1^2}{2g} \quad ①$$

BE 間の損失水頭 $$H_2 - h = f_2 \frac{l_2}{D_2} \cdot \frac{v_2^2}{2g} \quad ②$$

EC 間の損失水頭 $$h = f_3 \frac{l_3}{D_3} \cdot \frac{v_3^2}{2g} \quad ③$$

$$Q_1 + Q_2 = Q_3 \quad ④$$

式①，②に式③を代入して，

$$H_1 = f_1 \frac{l_1}{D_1} \cdot \frac{v_1^2}{2g} + f_3 \frac{l_3}{D_3} \cdot \frac{v_3^2}{2g}$$

$$H_2 = f_2 \frac{l_2}{D_2} \cdot \frac{v_2^2}{2g} + f_3 \frac{l_3}{D_3} \cdot \frac{v_3^2}{2g}$$

二つの上式に，$v_1 = \frac{4Q_1}{\pi D_1^2}$，$v_2 = \frac{4Q_2}{\pi D_2^2}$，$v_3 = \frac{4Q_3}{\pi D_3^2}$ を代入すると，

$$
\left.
\begin{aligned}
&\boldsymbol{H_1}=\frac{8}{\pi^2 \boldsymbol{g}}\left(\boldsymbol{f_1}\frac{\boldsymbol{l_1}}{\boldsymbol{D_1}^5}\boldsymbol{Q_1}^2+\boldsymbol{f_3}\frac{\boldsymbol{l_3}}{\boldsymbol{D_3}^5}\boldsymbol{Q_3}^2\right)=\boldsymbol{k_1Q_1}^2+\boldsymbol{k_3Q_3}^2\\
&\boldsymbol{H_2}=\frac{8}{\pi^2 \boldsymbol{g}}\left(\boldsymbol{f_2}\frac{\boldsymbol{l_2}}{\boldsymbol{D_2}^5}\boldsymbol{Q_2}^2+\boldsymbol{f_3}\frac{\boldsymbol{l_3}}{\boldsymbol{D_3}^5}\boldsymbol{Q_3}^2\right)=\boldsymbol{k_2Q_2}^2+\boldsymbol{k_3Q_3}^2\\
&\text{式④から，}\ \boldsymbol{Q_1}+\boldsymbol{Q_2}=\boldsymbol{Q_3}\\
&\text{ただし，}\ \frac{8\boldsymbol{f_1l_1}}{\pi^2\boldsymbol{gD_1}^5}=\boldsymbol{k_1},\ \frac{8\boldsymbol{f_2l_2}}{\pi^2\boldsymbol{gD_2}^5}=\boldsymbol{k_2},\ \frac{8\boldsymbol{f_3l_3}}{\pi^2\boldsymbol{gD_3}^5}=\boldsymbol{k_3}
\end{aligned}
\right\}\quad(4\text{–}24)
$$

以上のように，各管の f, l, D, Q が与えられるときは，式(4–24)から，水槽の水位差 H_1, H_2 が計算できる。また，H_1, H_2, と f, l, D が与えられ，各管の流量 Q_1, Q_2, Q_3 を求めるには，式(4–24)を連立方程式として解けばよい。

また，l, Q, H と管径 D_3 がわかっており，ほかの二つの管径 D_1, D_2 を求めるには，式(4–24)から導いた次式による。

$$
\left.
\begin{aligned}
\boldsymbol{D_1}&=\left(\frac{\boldsymbol{f_1l_1Q_1}^2}{\dfrac{\pi^2\boldsymbol{gH_1}}{8}-\boldsymbol{f_3}\dfrac{\boldsymbol{l_3}}{\boldsymbol{D_3}^5}\boldsymbol{Q_3}^2}\right)^{\frac{1}{5}}\\
\boldsymbol{D_2}&=\left(\frac{\boldsymbol{f_2l_2Q_2}^2}{\dfrac{\pi^2\boldsymbol{gH_2}}{8}-\boldsymbol{f_3}\dfrac{\boldsymbol{l_3}}{\boldsymbol{D_3}^5}\boldsymbol{Q_3}^2}\right)^{\frac{1}{5}}
\end{aligned}
\right\}\quad(4\text{–}25)
$$

2 分流する管水路

図 4–32 のように，水槽 B の水面は点 E のエネルギー線の高さより低いために，水は水槽 A から水槽 B と水槽 C に分流する。この場合の各管の流量を求める。

合流点 E より水槽 C までの損失水頭を h とすると，次の関係がなりたつ。

AE 間の損失水頭　$H_1-h=f_1\dfrac{l_1}{D_1}\cdot\dfrac{v_1^2}{2g}$

EB 間の損失水頭　$h-H_2=f_2\dfrac{l_2}{D_2}\cdot\dfrac{v_2^2}{2g}$

EC 間の損失水頭　$h=f_3\dfrac{l_3}{D_3}\cdot\dfrac{v_3^2}{2g}$

であるから，合流の場合と同様に，

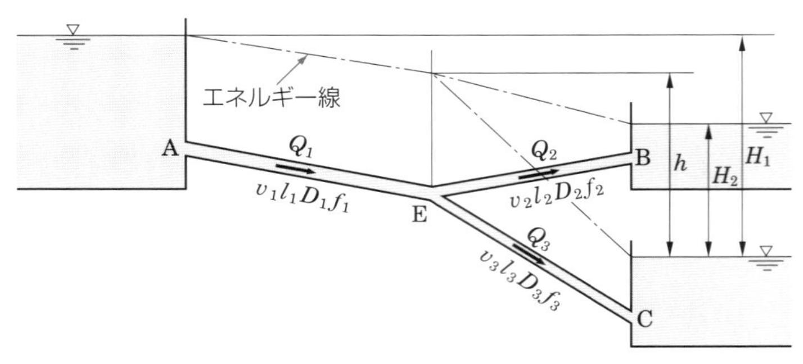

図 4-32　分流する場合

$$\left.\begin{aligned} \boldsymbol{H}_1 &= \frac{8}{\pi^2 \boldsymbol{g}}\left(\boldsymbol{f}_1 \frac{\boldsymbol{l}_1}{\boldsymbol{D}_1{}^5}\boldsymbol{Q}_1{}^2 + \boldsymbol{f}_3 \frac{\boldsymbol{l}_3}{\boldsymbol{D}_3{}^5}\boldsymbol{Q}_3{}^2\right) = \boldsymbol{k}_1 \boldsymbol{Q}_1{}^2 + \boldsymbol{k}_3 \boldsymbol{Q}_3{}^2 \\ \boldsymbol{H}_2 &= \frac{8}{\pi^2 \boldsymbol{g}}\left(-\boldsymbol{f}_2 \frac{\boldsymbol{l}_2}{\boldsymbol{D}_2{}^5}\boldsymbol{Q}_2{}^2 + \boldsymbol{f}_3 \frac{\boldsymbol{l}_3}{\boldsymbol{D}_3{}^5}\boldsymbol{Q}_3{}^2\right) = -\boldsymbol{k}_2 \boldsymbol{Q}_2{}^2 + \boldsymbol{k}_3 \boldsymbol{Q}_3{}^2 \\ \boldsymbol{Q}_1 &- \boldsymbol{Q}_2 = \boldsymbol{Q}_3 \end{aligned}\right\} \quad (4\text{-}26)$$

また，l，Q，H と管径 D_1 がわかっていて，分流管の管径 D_2，D_3 を求めるには，式(4-26)から求めた次式を用いる。

$$\left.\begin{aligned} \boldsymbol{D}_2 &= \left(\frac{\boldsymbol{f}_2 \boldsymbol{l}_2 \boldsymbol{Q}_2{}^2}{\dfrac{\pi^2 \boldsymbol{g}\,(\boldsymbol{H}_1 - \boldsymbol{H}_2)}{8} - \boldsymbol{f}_1 \dfrac{\boldsymbol{l}_1}{\boldsymbol{D}_1{}^5}\boldsymbol{Q}_1{}^2}\right)^{\frac{1}{5}} \\ \boldsymbol{D}_3 &= \left(\frac{\boldsymbol{f}_3 \boldsymbol{l}_3 \boldsymbol{Q}_3{}^2}{\dfrac{\pi^2 \boldsymbol{g} \boldsymbol{H}_1}{8} - \boldsymbol{f}_1 \dfrac{\boldsymbol{l}_1}{\boldsymbol{D}_1{}^5}\boldsymbol{Q}_1{}^2}\right)^{\frac{1}{5}} \end{aligned}\right\} \quad (4\text{-}27)$$

なお，これらの管路で，流量を求める場合は，あらかじめ合流か分流かがわからないので，次の例題 13 のように，一方に仮定して計算を進める。

例題 13　図 4-33 の場合は，合流か分流か。また，各管の流量 Q_1，Q_2，Q_3 を求めよ。ただし，$n = 0.013$ とする。

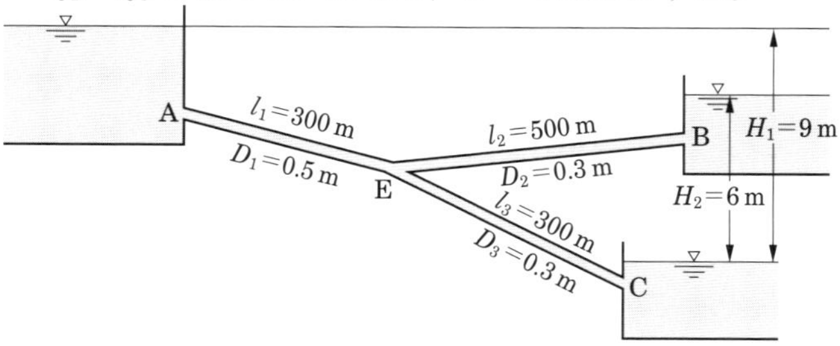

図 4-33

表3-4(p. 57)から,

$$f_1 = 0.0265,\ f_2 = 0.0314,\ f_3 = 0.0314$$

また,式(4-24)より,

$$k_1 = \frac{8}{\pi^2 g}\cdot\frac{f_1 l_1}{D_1^5} = \frac{8}{\pi^2 \times 9.8}\times\frac{0.0265\times 300}{0.5^5}$$

$$= 0.0827 \times 254.4 = 21.0$$

$$k_2 = 0.0827 \times \frac{0.0314 \times 500}{0.3^5} = 534.3$$

$$k_3 = 0.0827 \times \frac{0.0314 \times 300}{0.3^5} = 320.6$$

合流か分流かわからないので,仮に合流であるとすれば,式(4-24)から,次の式ができる。

$$9 = 21.0\, Q_1^2 + 320.6\, Q_3^2 \quad ①$$

$$6 = 534.3\, Q_2^2 + 320.6\, Q_3^2 \quad ②$$

$$Q_1 + Q_2 = Q_3 \quad ③$$

式①,②,③を連立方程式として解けば,Q_1,Q_2,Q_3 を求めることができる。

式① × 2 −式② × 3 から,

$$0 = 42.0\, Q_1^2 - 1602.9\, Q_2^2 - 320.6\, Q_3^2 \quad ④$$

式③から,$Q_2 = Q_3 - Q_1$ となり,この両辺を2乗すると,

$$Q_2^2 = Q_3^2 - 2Q_1Q_3 + Q_1^2$$

これを式④に代入して整理すると,

$$0 = 42.0\, Q_1^2 - 1602.9(Q_3^2 - 2Q_1Q_3 + Q_1^2) - 320.6\, Q_3^2$$

ゆえに,$0 = 1560.9\, Q_1^2 - 3205.8\, Q_1Q_3 + 1923.5\, Q_3^2$

両辺を Q_3^2 で割ると,

$$0 = 1560.9\left(\frac{Q_1}{Q_3}\right)^2 - 3205.8\left(\frac{Q_1}{Q_3}\right) + 1923.5$$

上式は$\frac{Q_1}{Q_3}$についての二次方程式であるから,これを解くと,

$$\frac{Q_1}{Q_3} = \frac{3205.8 \pm \sqrt{3205.8^2 - 4 \times 1560.9 \times 1923.5}}{2 \times 1560.9}$$

上式では$\sqrt{\ }$の中の値が負となり,実根が得られないから,この場合は合流でないことがわかる。したがって,分流の式(4-26)を使う❶。

$$9 = 21.0\, Q_1^2 + 320.6\, Q_3^2 \quad ⑤$$

$$6 = -534.3\, Q_2^2 + 320.6\, Q_3^2 \quad ⑥$$

$$Q_1 - Q_2 = Q_3 \quad ⑦$$

❶Q_1/Q_3 の実根が得られても,$Q_1/Q_3 > 1$ となる場合は,合流として不適である。したがって,分流と判断される場合もある。

式⑤ × 2 − 式⑥ × 3 から，

$$0 = 42.0\,Q_1^2 + 1602.9\,Q_2^2 - 320.6\,Q_3^2 \quad ⑧$$

式⑦から，$Q_2 = Q_1 - Q_3$ となり，この両辺を 2 乗すると，

$$Q_2^2 = Q_1^2 - 2\,Q_1Q_3 + Q_3^2$$

上式を式⑧に代入すると，

$$0 = 42.0\,Q_1^2 + 1602.9(Q_1^2 - 2\,Q_1Q_3 + Q_3^2) - 320.6\,Q_3^2$$
$$= 1644.9\,Q_1^2 - 3205.8\,Q_1Q_3 + 1282.3\,Q_3^2$$

ゆえに，$0 = 1644.9\left(\frac{Q_1}{Q_3}\right)^2 - 3205.8\left(\frac{Q_1}{Q_3}\right) + 1282.3$

$$\frac{Q_1}{Q_3} = \frac{3205.8 \pm \sqrt{3205.8^2 - 4 \times 1644.9 \times 1282.3}}{2 \times 1644.9}$$

$= 1.387$ または 0.562

分流では，$Q_1 > Q_3$ であるので，$Q_1/Q_3 > 1$ である。

したがって，$Q_1/Q_3 = 1.387$ であるので，$Q_1 = 1.387\,Q_3$ を式⑤に代入すると，

$$9 = 21.0 \times (1.387\,Q_3)^2 + 320.6\,Q_3^2$$

ゆえに，$Q_3 = \sqrt{\frac{9}{361.00}} = \mathbf{0.158\ m^3/s}$

$$Q_1 = 1.387\,Q_3 = 1.387 \times 0.158 = \mathbf{0.219\ m^3/s}$$
$$Q_2 = Q_1 - Q_3 = 0.219 - 0.158 = \mathbf{0.061\ m^3/s}$$

問 1 図 4-34 の場合は，合流か分流かを判別せよ。また，各管の流量 Q_1，Q_2，Q_3 を求めよ。ただし，$f_1 = 0.0307$，$f_2 = 0.0331$，$f_3 = 0.0364$ とする。

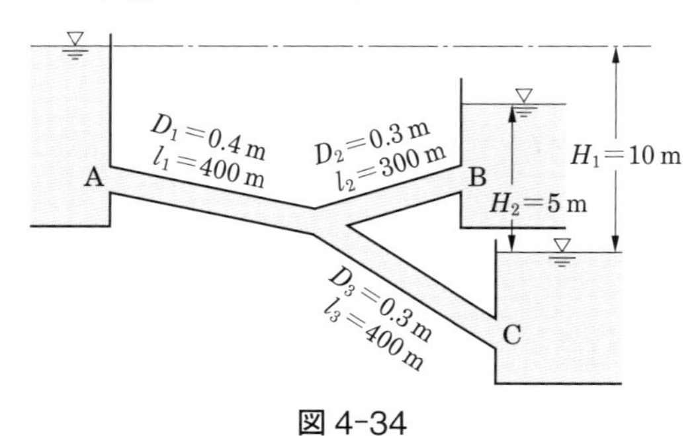

図 4-34

第4章 章末問題

1. 図 4-35 のように，流量 0.002 m³/s の水が流れている管径 50 mm の円管が，交角 $\theta = 40°$ で屈折しているとき，屈折による損失水頭を求めよ。

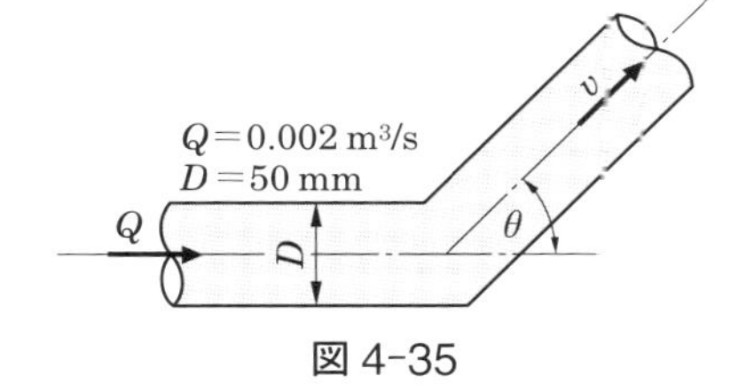

図 4-35

5

2. 管径 400 mm の管が管径 200 mm に急縮している。この管内を流量 0.26 m³/s で水が流れるとき，急縮による損失水頭を求めよ。

3. 流速 3.5 m/s の管水路において，管水路に取りつけられたコックの開きの角度が 30° のとき，コックによる損失水頭はいくらか。

4. 水位差 4 m の二つの水槽を管径 300 mm，長さ 100 m の直線管水路で結ぶときの流量を求めよ。ただし，$f_e = 0.5$，$f = 0.0268$ とする。

10

5. 図 4-36 のような管径 0.2 m の管水路で，バタフライ弁の開度を 30° にした時の流量はいくらか。ただし，$f_e = 0.5$，$f_b = 1.0$，$f = 0.0360$ とする。

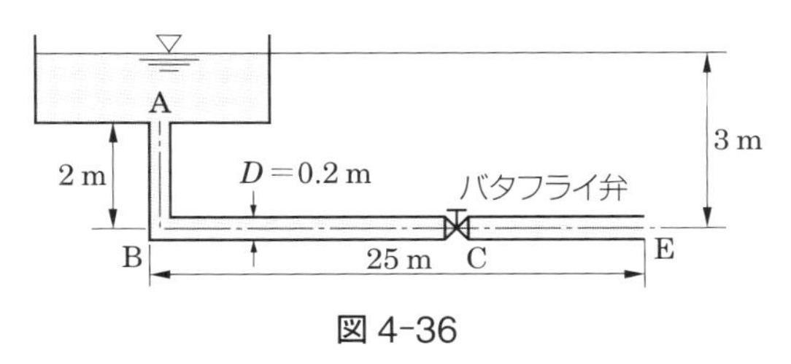

図 4-36

6. 図 4-37 において，管径 1.0 m，全長 200 m の管水路で，流量 2.5 m³/s で水を送るには，水槽 F の水位を基準面上いくらにすればよいか。

15

ただし，$f_e = 0.5$，$f_b = 1.0$，$f_v = 0.1$，$n = 0.013$ とする。

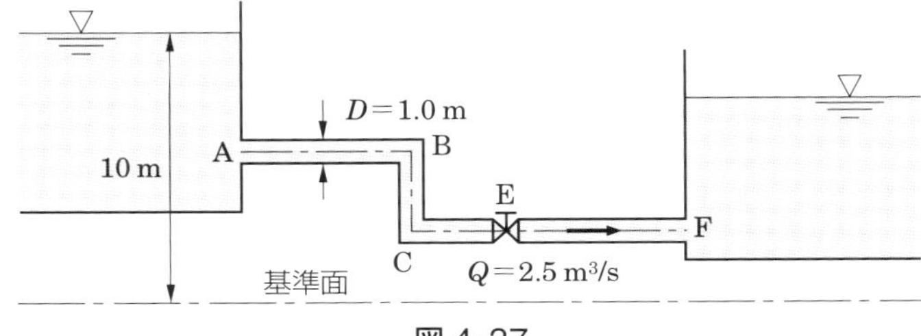

図 4-37

7. 図 4-38 の伏越しで，水槽の水位差 1 m で流量 3 m³/s で水を流したい。管径をいくらにすればよいか。ただし，$f_e = 0.6$，$f_b = 0.03$，$n = 0.014$ とする。

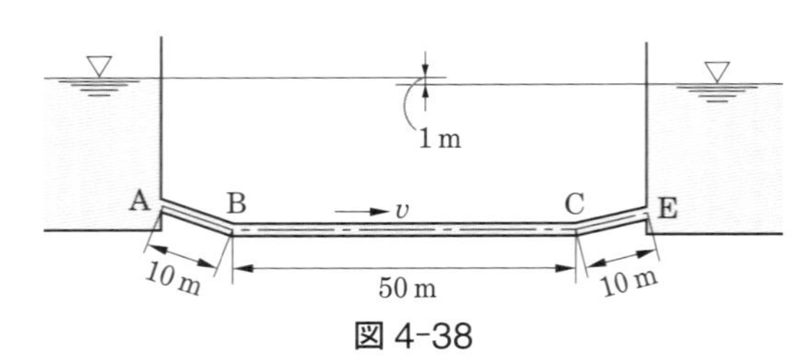

図 4-38

8. 図 4-39 において，点 B，点 C の屈折は 90°，$f_e = 0.5$，点 E の弁はスルース弁で，$f_v = 5.52$ とする。管内の流速 1.8 m/s，$n = 0.013$ として，下表の空欄をうめよ。

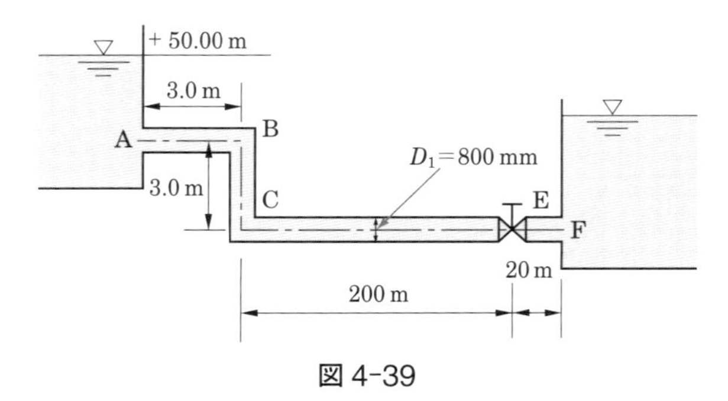

図 4-39

		A	B	C	E	F
エネルギー線	上流	50.000				
	下流					
動水勾配線	上流	50.000				
	下流					

9. 図 4-40 のような総落差 80 m，使用水量 10 m³/s の水力発電所において，水車の効率を 85% とするとき，その出力を計算せよ。

ただし，管径 1.5 m，管水路の全長は 200 m で，$f_b = 0.3$ の曲がりが 2 か所と，$f_v = 0.05$ の弁がある。また，$f_e = 0.5$，$f = 0.0213$ とする。

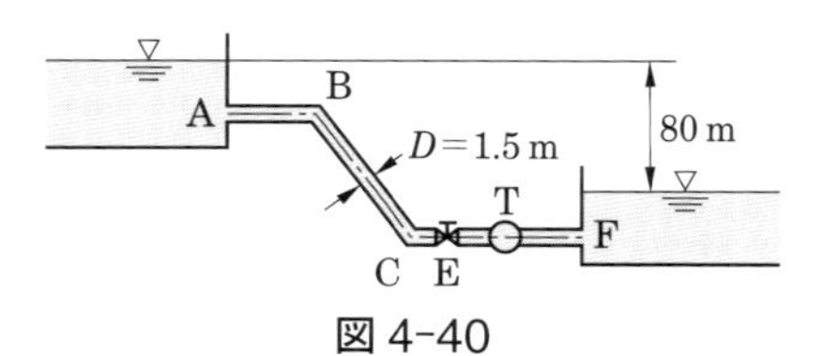

図 4-40

第5章

開水路

曲線を描く開水路の流れ

開水路の流れは，一般に，自然河川の流れ，用水路・排水路・下水道の流れなど，大気に接する自由水面をもち，水路床の勾配に沿って流れている。したがって，管水路のように，標高の低いところから高いところへ流すようなことはできない。もっぱら高い位置から低い位置へ水に動く重力だけで流れる流れである。

●各種の断面形状の等流計算はどのようにするのだろうか。

●河川の流量計算はどのようにするのだろうか。

●水路の水位変化はどのようになっているのだろうか。

●常流・射流や簡単な不等流はどのように計算するのだろうか。

1 開水路の流れ

開水路[1]は，自由水面をもつ流れであるために，管水路に比べて，水深・水面勾配・流速などが時間や場所によって変化するなど，流れの状態がきわめて複雑である。開水路の流れは，管水路の流れと同様に，ベルヌーイの定理が基本となる。

開水路における流速は水路断面の形状・水深・粗度などの影響を受ける。また，水路が曲がっていたり，水路の途中に構造物[2]があるとさらに複雑になる。そのため，開水路の流れにおいては，水路断面の平均流速を求めることが重要となる。

[1] open channel；p. 8，p. 42 参照。

[2] 橋脚やスクリーンなどがある。

1 等流速分布曲線

図 5-1(a)に示す水路において，図(b)のように，水路横断面の流速の等しい点を結んだ線を，**等流速分布曲線**という。図(b)からもわかるように，開水路ではその流速は，壁面に近いほど水の粘性による摩擦などによって遅く，中央ほど速い。また，水面より少し下の点で最大流速となる。

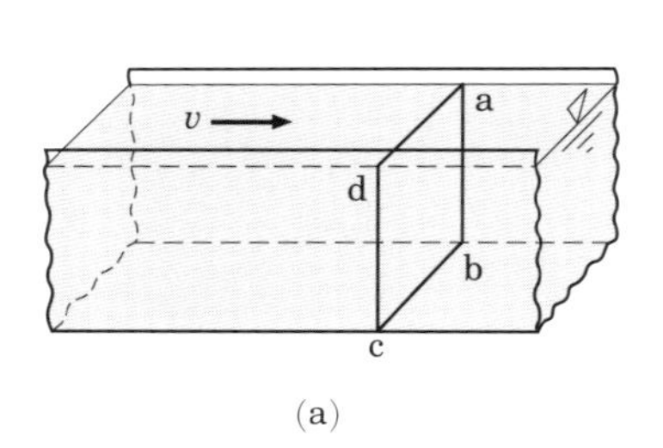

(a)

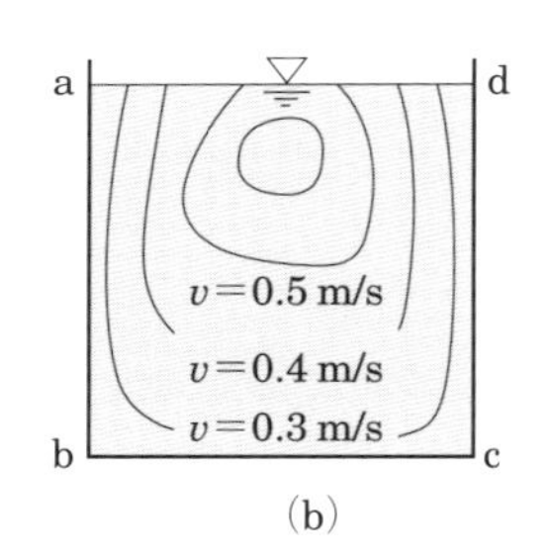

(b)

図 5-1　等流速分布曲線の例

2 鉛直流速分布曲線

図 5-2 は，水路内の深さによる流速の変化を表したもので，**鉛直流速分布曲線**という。平均流速 v_m は，次式で求められる。

$$\boldsymbol{v_m} = \frac{\text{鉛直流速分布の面積}\ \boldsymbol{A}}{\text{水深}\ \boldsymbol{H}} \qquad (5\text{-}1)$$

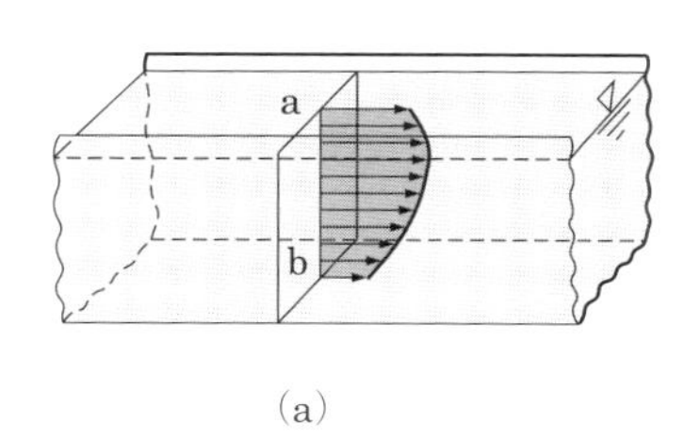

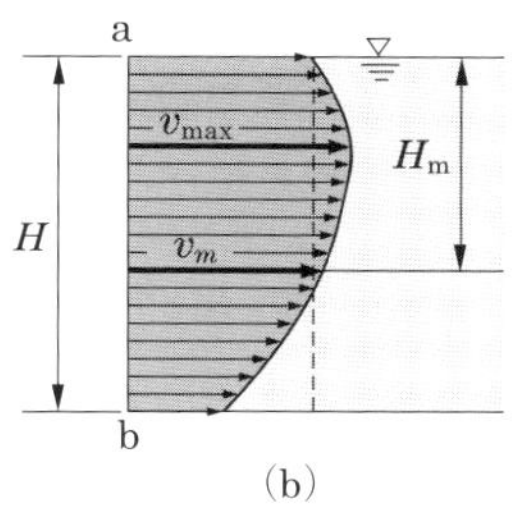

図 5-2　鉛直流速分布曲線

ここで，v_m のおよその値は，次式を用いる場合が多い。

$$\left.\begin{aligned} &\textbf{一点法}\quad \boldsymbol{v_m} = \boldsymbol{v}_{0.6} \\ &\textbf{二点法}\quad \boldsymbol{v_m} = \frac{1}{2}(\boldsymbol{v}_{0.2} + \boldsymbol{v}_{0.8}) \\ &\textbf{三点法}\quad \boldsymbol{v_m} = \frac{1}{4}(\boldsymbol{v}_{0.2} + 2\boldsymbol{v}_{0.6} + \boldsymbol{v}_{0.8}) \end{aligned}\right\} \quad (5\text{-}2)$$

$v_{0.2}$，$v_{0.6}$，$v_{0.8}$：水面からの深さが，それぞれ水深の 0.2 倍，0.6 倍，0.8 倍のところで測定した流速

また，最大流速 $v_{\max}$ は，水面より $0.2\,H$ 程度の水深にある場合が多い。

例題 1　図 5-3 のような水深 2 m の長方形断面水路の中央で，プロペラ流速計を用い，水面から 0.2 m ごとに流速を測定した結果，次表のようになった。鉛直流速分布曲線をかき，三点法によって平均流速を求めよ。

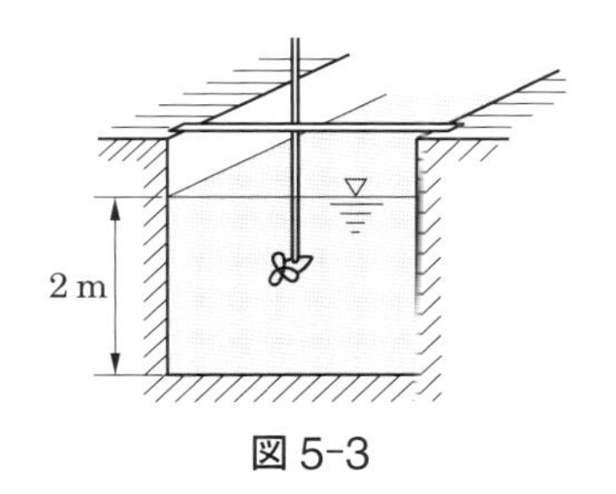

図 5-3

水深 [m]	0.2	0.4	0.6	0.8	1.0	1.2	1.4	1.6	1.8	2.0
流速 [m/s]	0.66	0.67	0.66	0.65	0.64	0.63	0.61	0.59	0.56	0.52

解答　図 5-4 のように縦軸に水深 H，横軸に流速 v をとり，鉛直流速分布曲線をかく。平均流速 v_m は，式(5-2)において，

$v_{0.2} = 0.67$ m/s

$v_{0.6} = 0.63$ m/s

$v_{0.8} = 0.59$ m/s を代入すると，

$$v_m = \frac{1}{4} \times (0.67 + 2 \times 0.63 + 0.59) = \mathbf{0.63\ m/s}$$

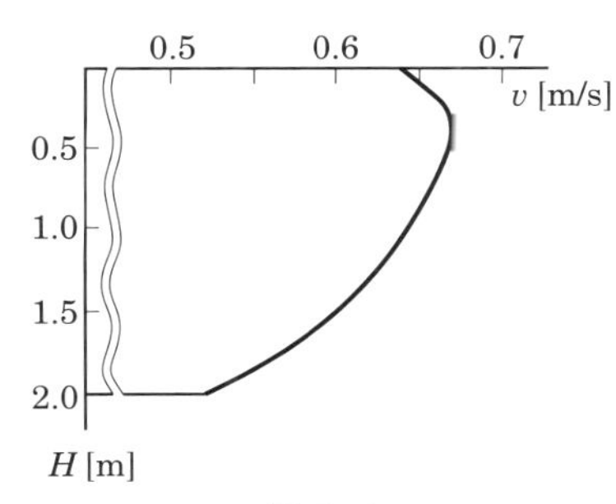

図 5-4

2 等流

等流[1]は，図 5-5 に示すように，水路のすべての断面で，水深・流速が一定で，水面勾配線(水面線)，エネルギー線が水路床に平行な流れである。したがって，一つの断面について流速・流量などの計算をすれば，その結果はその流れのすべての断面にあてはまることになる。また，あとで学ぶ常流・射流の計算には，この流れの状態を知っておく必要がある。

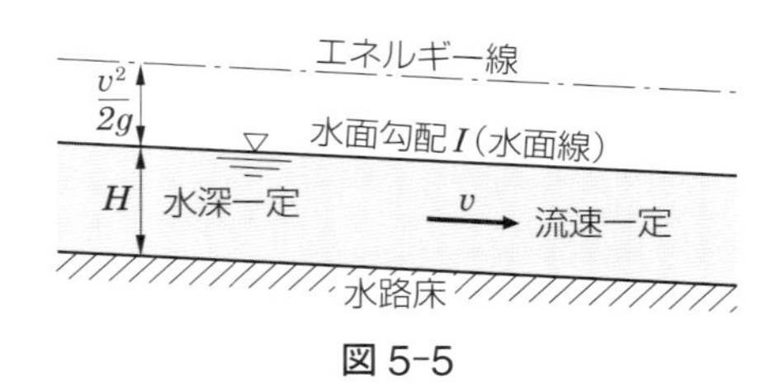

図 5-5

1 等流の計算

等流の計算には，第 3 章で学んだ平均流速公式を用いるが，そのうち，開水路に対しては，マニングの式がよく用いられる[2]。すなわち，開水路の流量は，次式で表される。

$$Q = Av = \frac{1}{n} A R^{\frac{2}{3}} I^{\frac{1}{2}} \tag{5-3}$$

Q：流量 [m³/s]，A：流積 [m²]，v：平均流速 [m/s]，
n：粗度係数，R：径深 [m]，I：水面勾配(水路床の勾配)

上式を用いると，等流について次のような計算ができる。

① A，I，n がわかっていると，v または Q が求められる。

② A，I，Q または v がわかっていると，n が求められる。

③ A，n，Q または v がわかっていると，I が求められる。

④ I，n，Q がわかっていると，開水路の水深 H が求められる。

これらの等流の計算のうち，④の場合，すなわち，水路の断面形および n，I がわかっているとき，与えられた流量 Q の水を流すのに必要な**等流水深**[3] H を求める計算は簡単ではない。たいていの場合，試算法によらなければならない。

❶p. 43 参照。

❷p. 56 参照。
$v = \frac{1}{n} R^{\frac{2}{3}} I^{\frac{1}{2}}$

❸normal depth

また，開水路の断面形は，一般に長方形・台形・円形などがよく用いられる。水理計算を行う場合には，水路床の幅 b，水面幅 B，水深 H，側壁の勾配 m が与えられたとき，流積 A，潤辺 S，径深 R は，それぞれ次のようにして求められる。

(1)　長方形断面（図 5-6）

$$\left.\begin{aligned} \boldsymbol{A} &= \boldsymbol{bH} \\ \boldsymbol{S} &= \boldsymbol{b} + \boldsymbol{2H} \\ \boldsymbol{R} &= \frac{\boldsymbol{bH}}{\boldsymbol{b} + \boldsymbol{2H}} \end{aligned}\right\} \tag{5-4}$$

(2)　台形断面（図 5-7）

$$\left.\begin{aligned} \boldsymbol{B} &= \boldsymbol{b} + 2\boldsymbol{H}\cot\theta = \boldsymbol{b} + 2\boldsymbol{mH} \\ \boldsymbol{b} &= \boldsymbol{B} - 2\boldsymbol{H}\cot\theta = \boldsymbol{B} - 2\boldsymbol{mH} \\ \boldsymbol{A} &= \frac{\boldsymbol{B} + \boldsymbol{b}}{2} \times \boldsymbol{H} = \boldsymbol{H}(\boldsymbol{B} - \boldsymbol{H}\cot\theta) \\ &= \boldsymbol{H}(\boldsymbol{b} + \boldsymbol{H}\cot\theta) = \boldsymbol{H}(\boldsymbol{b} + \boldsymbol{mH}) \\ \boldsymbol{S} &= \boldsymbol{b} + 2\boldsymbol{l} = \boldsymbol{b} + 2\boldsymbol{H}\operatorname{cosec}\theta = \boldsymbol{b} + 2\sqrt{1 + \boldsymbol{m}^2}\,\boldsymbol{H} \\ \boldsymbol{R} &= \frac{\boldsymbol{A}}{\boldsymbol{S}} = \frac{(\boldsymbol{b} + \boldsymbol{H}\cot\theta)\boldsymbol{H}}{\boldsymbol{b} + 2\boldsymbol{H}\operatorname{cosec}\theta} = \frac{(\boldsymbol{b} + \boldsymbol{mH})\boldsymbol{H}}{\boldsymbol{b} + 2\sqrt{1 + \boldsymbol{m}^2}\,\boldsymbol{H}} \end{aligned}\right\} \tag{5-5}$$

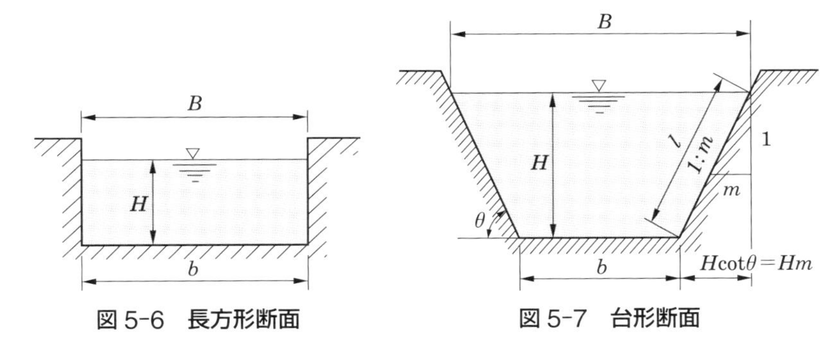

図 5-6　長方形断面　　図 5-7　台形断面

(3)　円形断面（図 5-8）

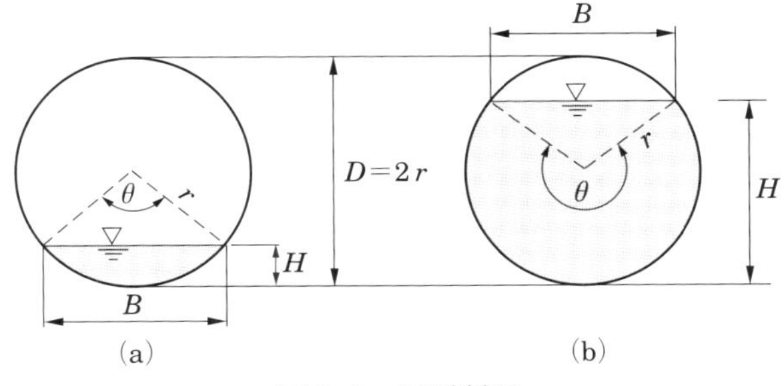

図 5-8　円形断面

θ を rad❶(ラジアン)で表せば，次のようになる。

❶ $1\ \mathrm{rad} = \dfrac{180^\circ}{\pi}$

$$\left.\begin{aligned}
&\boldsymbol{A} = \frac{\boldsymbol{D}^2}{8}(\theta - \sin\theta)\\
&\boldsymbol{S} = \frac{\boldsymbol{D}}{2}\theta\\
&\boldsymbol{R} = \frac{\boldsymbol{A}}{\boldsymbol{S}} = \frac{\frac{\boldsymbol{D}^2}{8}(\theta - \sin\theta)}{\frac{\boldsymbol{D}}{2}\theta} = \frac{\boldsymbol{D}}{4}\left(1 - \frac{\sin\theta}{\theta}\right)\\
&\boldsymbol{H} = \boldsymbol{r} - \boldsymbol{r}\cos\frac{\theta}{2}\\
&\quad = \boldsymbol{r}\left(1 - \cos\frac{\theta}{2}\right) = \frac{\boldsymbol{D}}{2}\left(1 - \cos\frac{\theta}{2}\right)\\
&\boldsymbol{B} = 2\boldsymbol{r}\sin\frac{\theta}{2} = \boldsymbol{D}\sin\frac{\theta}{2}\\
&\boldsymbol{B} = 2\sqrt{\boldsymbol{r}^2 - (\boldsymbol{H} - \boldsymbol{r})^2} = 2\sqrt{2\boldsymbol{H}\boldsymbol{r} - \boldsymbol{H}^2}\\
&\quad = 2\sqrt{2\boldsymbol{H}\frac{\boldsymbol{D}}{2} - \boldsymbol{H}^2} = 2\sqrt{\boldsymbol{H}(\boldsymbol{D} - \boldsymbol{H})}
\end{aligned}\right\}\quad (5\text{-}6)$$

以上の結果をまとめると，表 5-1 のようになる。

表 5-1　水路断面の形状要素

断面形	流積 A	潤辺 S	径深 R	水面幅 B	水深 H
長方形 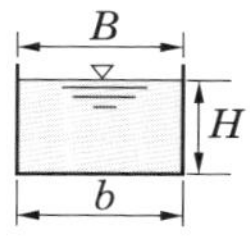	bH	$b + 2H$	$\dfrac{bH}{b + 2H}$	b	H
台形 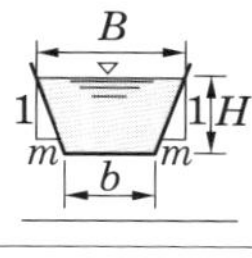	$(b + mH)H$	$b+2\sqrt{1+m^2}H$	$\dfrac{(b + mH)H}{b+2\sqrt{1+m^2}H}$	$b + 2\,mH$	H
円形 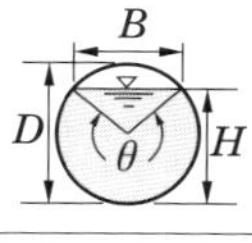	$\dfrac{D^2}{8}(\theta - \sin\theta)$	$\dfrac{D}{2}\theta$	$\dfrac{D}{4}\left(1 - \dfrac{\sin\theta}{\theta}\right)$	$D\sin\dfrac{\theta}{2}$ あるいは $2\sqrt{H(D - H)}$	$\dfrac{D}{2}\left(1 - \cos\dfrac{\theta}{2}\right)$

$\left(\theta\right.$ は rad 単位，$\left.1^\circ = \dfrac{\pi}{180}\ \mathrm{rad}\right)$

例題 2　図 5-9 に示す幅 1.8 m，水深 1 m の長方形断面水路に水が流れている。このときの流積・潤辺・径深を求めよ。

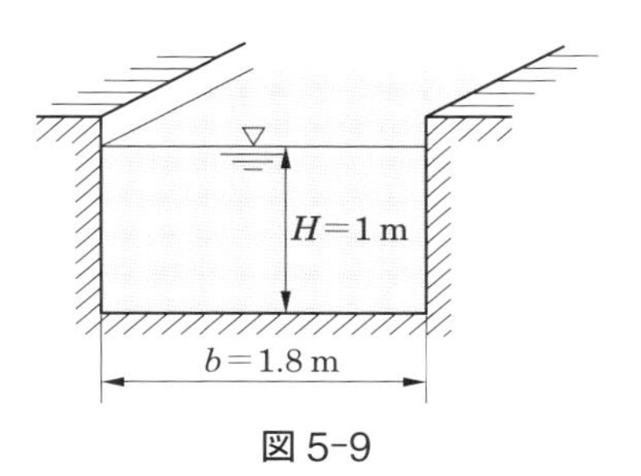

図 5-9

解答　表 5-1 から，

流積 $A = bH = 1.8 \times 1 = \mathbf{1.8\ m^2}$

潤辺 $S = b + 2H = 1.8 + 2 \times 1 = \mathbf{3.8\ m}$

径深 $R = \dfrac{A}{S} = \dfrac{1.8}{3.8} = \mathbf{0.474\ m}$

例題 3　図 5-10 に示す底幅 10 m，側壁の法勾配 1：2 の台形断面水路に，水深 2 m で水が流れている。このときの流積・潤辺・径深を求めよ。

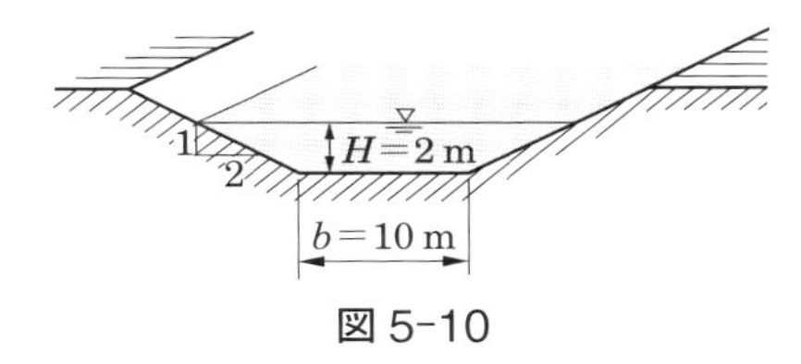

図 5-10

解答　表 5-1 から，

流積 $A = (b + mH)H = (10 + 2 \times 2) \times 2 = \mathbf{28\ m^2}$

潤辺 $S = b + 2\sqrt{1 + m^2}\,H = 10 + 2\sqrt{1 + 2^2} \times 2 = \mathbf{18.9\ m}$

径深 $R = \dfrac{A}{S} = \dfrac{28}{18.9} = \mathbf{1.48\ m}$

例題 4　例題 3 において，水面勾配 1/1000 としたとき，流速をマニングの式を用いて求めよ。ただし，$n = 0.02$ とする。

解答　式(3-18)から，流速 v は次のように求められる。

$$v = \frac{1}{n} R^{\frac{2}{3}} I^{\frac{1}{2}} = \frac{1}{0.02} \times 1.48^{\frac{2}{3}} \times \left(\frac{1}{1000}\right)^{\frac{1}{2}} = \mathbf{2.05\ m/s}$$

例題 5

図 5-11 に示す円形断面水路において，流積・潤辺・径深・水面幅・水深を求めよ。また，水面勾配を 1/1200 としたとき，流量を求めよ。ただし，$n = 0.016$ とする。

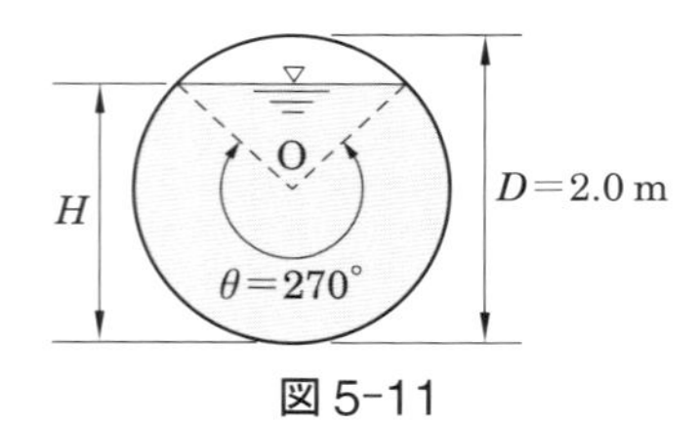

図 5-11

解答

$\theta = 270°$ を rad に換算すると，

$$270° = 270 \times \frac{\pi}{180} = 4.71\ \mathrm{rad}$$

表 5-1 から，

$$A = \frac{D^2}{8}(\theta - \sin\theta) = \frac{2^2}{8} \times (4.71 - \sin 4.71)$$

$$= \frac{4}{8} \times (4.71 + 1.00) = \mathbf{2.86\ m^2}$$

$$S = \frac{D}{2}\theta = \frac{2.0}{2} \times 4.71 = \mathbf{4.71\ m}$$

$$R = \frac{D}{4}\left(1 - \frac{\sin\theta}{\theta}\right) = \frac{2.0}{4} \times \left(1 - \frac{\sin 4.71}{4.71}\right)$$

$$= \frac{2.0}{4} \times \left(1 + \frac{1.00}{4.71}\right) = \mathbf{0.606\ m}$$

$$B = D\sin\frac{\theta}{2} = 2\sin\frac{4.71}{2} = 2 \times 0.707 = \mathbf{1.41\ m}$$

$$H = \frac{D}{2}\left(1 - \cos\frac{\theta}{2}\right) = \frac{2}{2} \times \left(1 - \cos\frac{4.71}{2}\right) = 1 \times (1 + 0.707)$$

$$= \mathbf{1.71\ m}$$

式(5-3)から，流量 Q は次のようになる。

$$Q = Av = \frac{1}{n}AR^{\frac{2}{3}}I^{\frac{1}{2}} = \frac{1}{0.016} \times 2.86 \times 0.61^{\frac{2}{3}} \times \left(\frac{1}{1200}\right)^{\frac{1}{2}}$$

$$= \mathbf{3.71\ m^3/s}$$

問 1 図 5-12 のような，底幅 8 m，両側壁の法勾配 1：2 の台形断面水路において，水深が 1.4 m のとき流積，潤辺，径深を求めよ。

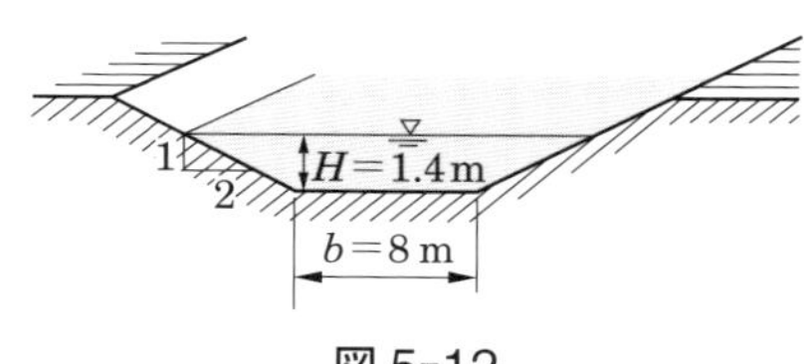

図 5-12

2 水理特性曲線

下水道管や水路トンネルなどに用いられる円形・アーチ形・長方形などの水路断面では，その任意の水深におけるA，S，R，v，Qなどの値と，**満管**[1]の場合のそれらの値との比をグラフで表す場合がある。このようなグラフを**水理特性曲線**[2]という。

❶一般に管水路の流量が満たされた状態で　満流ともいう。

❷flow characteristics

図 5-13 に示す円形断面水路(図では，左側の半円は省略してある)の場合，水理特性曲線は，水深が変わるにつれて，A，R，v，Qの値は，それぞれ図のように変化する。これは，水深Hが，円の直径に等しくなったとき，すなわち，満管のときの値A_1，R_1，v_1，Q_1，に対する比で表される。

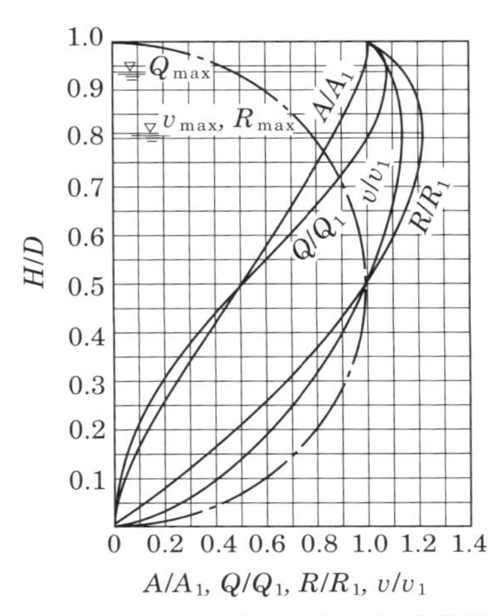

図 5-13　円形断面の水理特性曲線
(鎖線は円形断面を示す)

ここで，円形断面の場合の特性をまとめると，次のようになる。

① RはH/Dが約 0.813 まではしだいに増加するが，水深がそれ以上に増加して頂点に近づくと，流積の増加率よりも潤辺の増加率が大きいため，かえって減少する。したがってvも減少する。

② Aは徐々に増大するので，QはH/Dが約 0.938 で最大になり，以後減少する。

③ Q/Q_1曲線からわかるように，H/Dが約 0.82 以上になると，同一の流量に対して二つの異なる水深をとることができ，その一つは 0.938 Dよりも小さく，ほかの一つは 0.938 Dよりも大きい。

④ v/v_1曲線からわかるように，H/Dが 0.5 以上になると，同一流速に対して二つの異なる水深をとることができ，その一つは 0.813 Dよりも小さく，ほかの一つは 0.813 Dよりも大きい。

例題 6　内径 2 m の円形断面水路における最大流速v_{max}とそのときの水深を，水理特性曲線を使って求めよ。

ただし，満管の場合の流速を 5 m/s とする。

図 5-13 の v/v_1 曲線から，H/D が 0.813 のとき最大流速となるので，水深 H は，$\dfrac{H}{D} = 0.813$ から，

$$H = 0.813D = 0.813 \times 2 = 1.63\,\mathrm{m}$$

同様に，最大流速 v_{max} は，v/v_1 曲線から 1.13 となるので，$\dfrac{v}{v_1} = 1.13$ となる。ゆえに，流速 v は次のようになる。

$$v = 1.13v_1 = 1.13 \times 5 = \mathbf{5.65\ m/s}$$

3　複断面河川および粗度係数が異なる断面の流量計算

図 5-14 のような複断面河川では，高水敷（こうすいじき）と低水路[❶]の粗度係数が異なるのがふつうである。このような場合の流量計算は，次のようにする。まず，断面を図のように区分し，それぞれの流積 A_1，A_2，A_3，潤辺 S_1，S_2，S_3 を求め，各区分ごとの流量 Q_1，Q_2，Q_3 を計算して合計する。このさい，cc′ および ff′ を潤辺としてはならない。

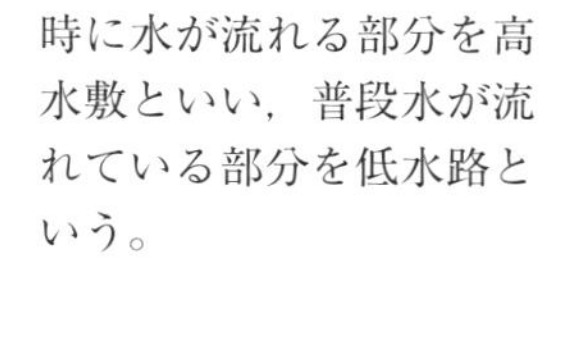

❶複断面河川では，洪水時に水が流れる部分を高水敷といい，普段水が流れている部分を低水路という。

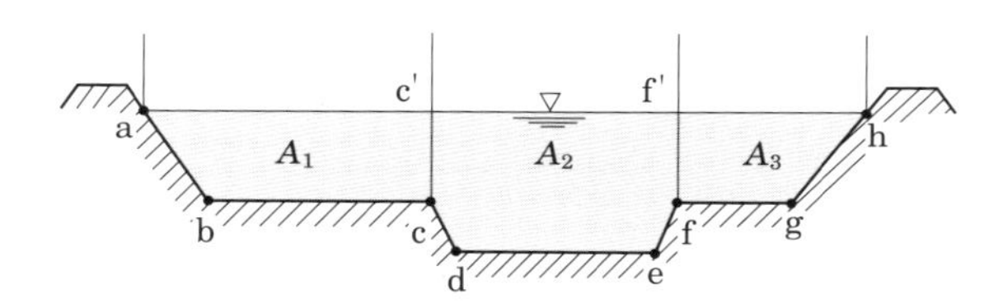

図 5-14　複断面河川

次に，水路断面が，いくつかの異なる粗度係数をもつ潤辺で構成されているため，潤辺に対して明確に断面の区分ができない場合がある。たとえば，図で，ab と bc の粗度係数が異なるときには，A_1 の部分をさらに区分することはむずかしい。このような場合には，全潤辺に対する**等価粗度係数**[❷] n を求め，これを用いて次式で流量計算をする。

❷equivalent roughness coefficient

$$\left.\begin{aligned} \boldsymbol{Q} &= \frac{1}{\boldsymbol{n}}\boldsymbol{A}\boldsymbol{R}^{\frac{2}{3}}\boldsymbol{I}^{\frac{1}{2}} \\ \boldsymbol{n} &= \left(\frac{\sum_{1}^{n}\boldsymbol{S}_i\boldsymbol{n}_i^{\frac{3}{2}}}{\boldsymbol{S}}\right)^{\frac{2}{3}} = \left(\frac{\boldsymbol{S}_1\boldsymbol{n}_1^{\frac{3}{2}} + \boldsymbol{S}_2\boldsymbol{n}_2^{\frac{3}{2}} + \cdots\cdots + \boldsymbol{S}_n\boldsymbol{n}_n^{\frac{3}{2}}}{\boldsymbol{S}_1 + \boldsymbol{S}_2 + \cdots\cdots + \boldsymbol{S}_n}\right)^{\frac{2}{3}} \end{aligned}\right\} \quad (5\text{-}7)$$

n：等価粗度係数，A：水路の流積 [m²]，R：A/S [m]，
S：潤辺の総和 [m]，S_i：n_i の粗度係数をもつ潤辺 [m]

例題 7

図 5-15 に示す複断面河川の流量を求めよ。

ただし，低水路および高水敷の粗度係数をそれぞれ 0.025，0.035 とし，水面勾配を 1/1600 とする。

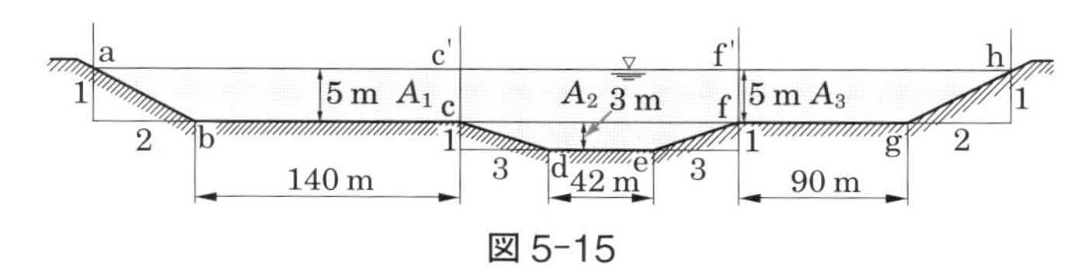

図 5-15

解答

河川断面を図のように三つに区切り，高水敷部分を A_1，A_3，低水路部分を A_2 とし，高水敷の部分を合わせた流積を A' とすると，

高水敷の流量

$$ac' = 140 + 10 = 150\ \text{m},\ f'h = 90 + 10 = 100\ \text{m}$$

であるから，流積，潤辺，径深は次のようになる。

$$\text{流積}\ A' = A_1 + A_3 = \frac{1}{2} \times \{(150 + 140) + (100 + 90)\} \times 5$$

$$= \frac{1}{2} \times 480 \times 5 = 1\,200\ \text{m}^2$$

$$\text{潤辺}\ S' = S_1 + S_3 = (140 + \sqrt{5^2 + 10^2}) + (90 + \sqrt{5^2 + 10^2})$$

$$= 151.18 + 101.18 = 252.36\ \text{m}$$

$$\text{径深}\ R' = \frac{A'}{S'} = \frac{1\,200}{252.36} = 4.76\ \text{m}$$

ゆえに，$Q' = \dfrac{1}{n} A' R'^{\frac{2}{3}} I^{\frac{1}{2}} = \dfrac{1}{0.035} \times 1\,200 \times 4.76^{\frac{2}{3}} \times \left(\dfrac{1}{1\,600}\right)^{\frac{1}{2}}$

$$= 28.57 \times 1\,200 \times 2.83 \times 0.025 = 2\,425.59\ \text{m}^3/\text{s}$$

低水路の流量

$$c'f' = 42 + 2 \times 3 \times 3 = 60\ \text{m}$$

$$A_2 = 60 \times 5 + \frac{1}{2} \times 3 \times (60 + 42) = 300 + 153 = 453\ \text{m}^2$$

$$S_2 = 42 + 2 \times \sqrt{9^2 + 3^2} = 42 + 2 \times 9.49 = 42 + 18.98$$

$$= 60.98\ \text{m}$$

ゆえに，$R_2 = \dfrac{A_2}{S_2} = \dfrac{453}{60.98} = 7.43\ \text{m}$ であるから，

$$Q_2 = \frac{1}{n} A_2 R_2^{\frac{2}{3}} I^{\frac{1}{2}} = \frac{1}{0.025} \times 453 \times 7.43^{\frac{2}{3}} \times \left(\frac{1}{1\,600}\right)^{\frac{1}{2}}$$

$$= 40 \times 453 \times 3.81 \times 0.025 = 1\,725.93\ \text{m}^3/\text{s}$$

全流量　$Q = Q' + Q_2 = 2\,425.59 + 1\,725.93 = 4\,151.52$

$$= \mathbf{4\,150\ m^3/s}$$

例題 8

図 5-16 のような複断面河川において，$Q = 270\ \mathrm{m^3/s}$ の水を流すとき，等流水深はいくらになるか。

ただし，低水路の粗度係数 $n_1 = 0.030$，高水敷の粗度係数 $n_2 = 0.035$，水面勾配を 1/1600 とする。

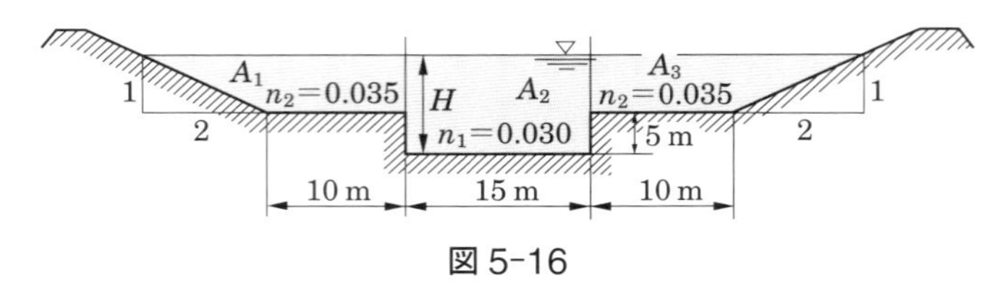

図 5-16

解答

水深を仮定し，所定の流量になるまで計算を繰り返す。

(1) **低水路における水深を $H = 6.5\ \mathrm{m}$ と仮定した場合**

高水敷の流量

$$A' = A_1 + A_3 = 2 \times \left\{(10 + 13) \times 1.5 \times \frac{1}{2}\right\} = 34.50\ \mathrm{m^2}$$

$$S' = S_1 + S_3 = (10 + \sqrt{1.5^2 + 3^2}) \times 2 = 13.35 \times 2 = 26.71\ \mathrm{m}$$

$$R' = \frac{A'}{S'} = \frac{34.50}{26.71} = 1.29\ \mathrm{m}$$

ゆえに，$Q' = \dfrac{1}{n_2} A' R'^{\frac{2}{3}} I^{\frac{1}{2}} = \dfrac{1}{0.035} \times 34.50 \times 1.29^{\frac{2}{3}} \times \left(\dfrac{1}{1600}\right)^{\frac{1}{2}}$

$$= 28.57 \times 34.50 \times 1.19 \times 0.025 = 29.32\ \mathrm{m^3/s}$$

低水路の流量

$$A_2 = 6.5 \times 15 = 97.50\ \mathrm{m^2}$$

$$S_2 = 15 + 2 \times 5 = 25\ \mathrm{m}$$

$$R_2 = \frac{A_2}{S_2} = \frac{97.50}{25} = 3.90\ \mathrm{m}$$

ゆえに，$Q_2 = \dfrac{1}{n_1} A_2 R_2^{\frac{2}{3}} I^{\frac{1}{2}} = \dfrac{1}{0.030} \times 97.50 \times 3.90^{\frac{2}{3}} \times \left(\dfrac{1}{1600}\right)^{\frac{1}{2}}$

$$= 33.33 \times 97.50 \times 2.48 \times 0.025 = 201.48\ \mathrm{m^3/s}$$

全流量　$Q = Q' + Q_2 = 29.32 + 201.48 = 230.80 = 231\ \mathrm{m^3/s}$

所定の流量が $270\ \mathrm{m^3/s}$ であるから，次に**水深を 7 m** にして計算をする。

(2) **$H = 7\ \mathrm{m}$ の場合**

高水敷の流量

$$A' = 2 \times (10 + 14) \times 2 \times \frac{1}{2} = 48\ \mathrm{m^2}$$

$$S' = (10 + \sqrt{2^2 + 4^2}) \times 2 = (10 + 4.47) \times 2 = 28.94\ \mathrm{m}$$

$$R' = \frac{A'}{S'} = \frac{48}{28.94} = 1.66\ \mathrm{m}$$

ゆえに，$Q' = 28.57 \times 48 \times 1.66^{\frac{2}{3}} \times 0.025$

$= 28.57 \times 48 \times 1.40 \times 0.025 = 48.00\ \mathrm{m^3/s}$

低水路の流量

$$A_2 = 7 \times 15 = 105\ \mathrm{m^2},\ S_2 = 25\ \mathrm{m},\ R_2 = \frac{105}{25} = 4.20\ \mathrm{m}$$

ゆえに，$Q_2 = 33.33 \times 105 \times 4.20^{\frac{2}{3}} \times 0.025$

$= 33.33 \times 105 \times 2.60 \times 0.025 = 227.48\ \mathrm{m^3/s}$

全流量　$Q = Q' + Q_2 = 48.00 + 227.48 = 275.48 = 275\ \mathrm{m^3/s}$

よって，流量が所定流量 270 m³/s とほぼ一致するので，**水深は約 7 m** である。

問 2　図 5-17 のような複断面水路の流量を求めよ。

ただし，低水路の粗度係数を 0.025，高水敷の粗度係数を 0.035，水面勾配を 1/1500 とする。

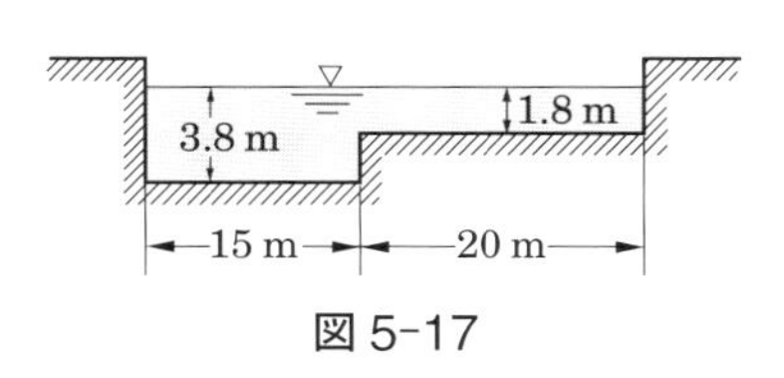

図 5-17

問 3　図 5-18 のような複断面河川において，$Q = 600\ \mathrm{m^3/s}$ の流量の水を流すとき，等流水深はいくらになるか。

ただし，低水路の粗度係数 $n_1 = 0.03$，高水敷の粗度係数 $n_2 = 0.04$，水面勾配を 1/1600 とする。

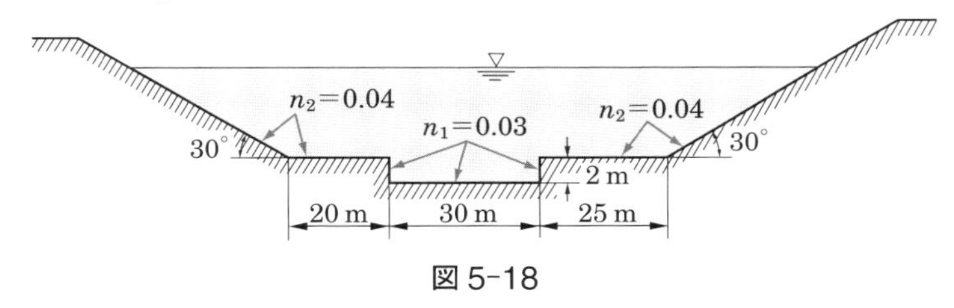

図 5-18

3 常流と射流

開水路の流れには，常流と射流がある。これらは，水深や水路幅，水路床の起伏，水面勾配などが深く関係しており，水路の形状，勾配などを設計するさい，重要な要素となる。

1 比エネルギー・限界水深・限界流速

図 5-19 において，開水路内のある断面を通る水がもつ全水頭 H_e は，式(3-10)から，次式のようになる。

$$H_e = \frac{v^2}{2g} + H + z \qquad (5\text{-}8)$$

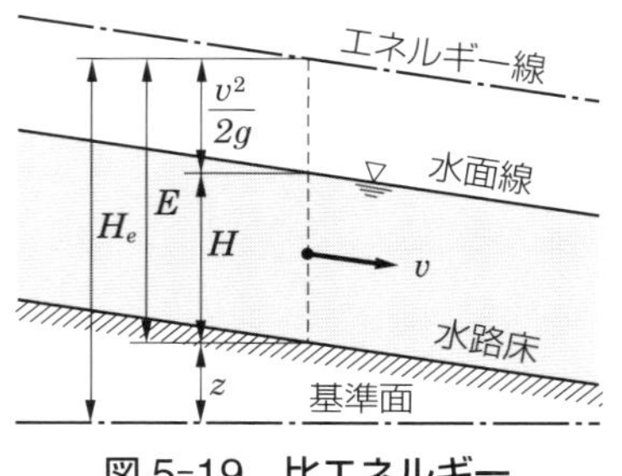

図 5-19 比エネルギー

この H_e は，水路床の下方にとった基準面からはかったエネルギー線の高さである。開水路では，問題によっては基準面を水路床に選んだほうが便利な場合がある。水路床からのエネルギー線の高さを E とすれば，$E = H_e - z$ であるから，

$$\left.\begin{aligned} E &= \frac{v^2}{2g} + H \\ &= \frac{Q^2}{2gA^2} + H \end{aligned}\right\} \qquad (5\text{-}9)$$

となる。このEを**比エネルギー**❶といい，このEから各種のグラフを描いて常流と射流の判別を行う❷。

わかりやすくするために，幅 B の長方形断面水路を考えてみる。$A = BH$ であるから，上式は次のようになる。

$$E = \frac{Q^2}{2gB^2} \cdot \frac{1}{H^2} + H \qquad (5\text{-}10)$$

この式において，Q を一定として，H と E の関係をグラフで示したものが図 5-20 である。このグラフを**比エネルギー曲線**という。

❶specific energy

❷「常流・射流・限界流」(p. 125)で学ぶ。

5 10 15 20

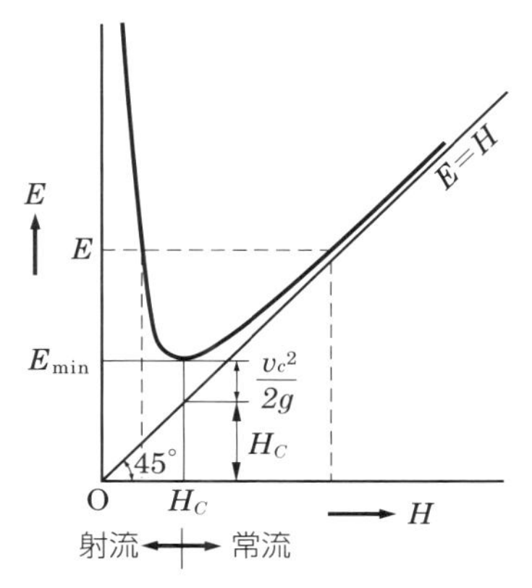

図 5-20　E―H 曲線(Q = 一定)

図 5-20 に示されるように，比エネルギーを最小にするような水深 H_c が存在することがわかる。この水深 H_c を**限界水深**[1]という。図からわかるように，水深が H_c より大きくても小さくても比エネルギーは最小にならない。また，比エネルギーの最小値 E_{min} 以外では，一つの E の値に対して H には二つの値がある。H_c より大きな水深の場合には，同じ E を構成するにも H に比べて $v^2/2g$ が小さく，反対に H_c より小さな水深では，H に比べて $v^2/2g$ が大きくなる。

長方形断面水路における限界水深 H_c は，式(5-10)において，E を最小にする H の値を求めることによって，次式のようになる。

$$\boldsymbol{H_c = \sqrt[3]{\frac{Q^2}{gB^2}}} \qquad \text{(5-11)}$$ [2]

限界水深のときの流速を**限界流速**[3]といい，v_c で表せば，v_c は，$Q = v_cBH_c$ から，$H_c = \dfrac{Q}{v_cB}$ を式(5-11)に代入して求めることができる。

$$\boldsymbol{v_c = \sqrt{gH_c} = \sqrt[3]{\frac{Qg}{B}}} \qquad \text{(5-12)}$$

次に，式(5-10)を Q について解くと，次のようになる。

$$\left.\begin{aligned} \boldsymbol{Q^2} &\boldsymbol{= 2gB^2H^2(E - H)} \\ \boldsymbol{Q} &\boldsymbol{= H\sqrt{2gB^2(E - H)}} \end{aligned}\right\} \qquad \text{(5-13)}$$

[1] critical depth

[2] この式は，式(5-10)において，

Q = 一定，$\dfrac{dE}{dH} = 0$

として求められる。
すなわち，

$\dfrac{dE}{dH} = -\dfrac{Q^2}{gB^2H^3} + 1 = 0$

ゆえに，$H = \sqrt[3]{\dfrac{Q^2}{gB^2}}$

[3] critical velocity

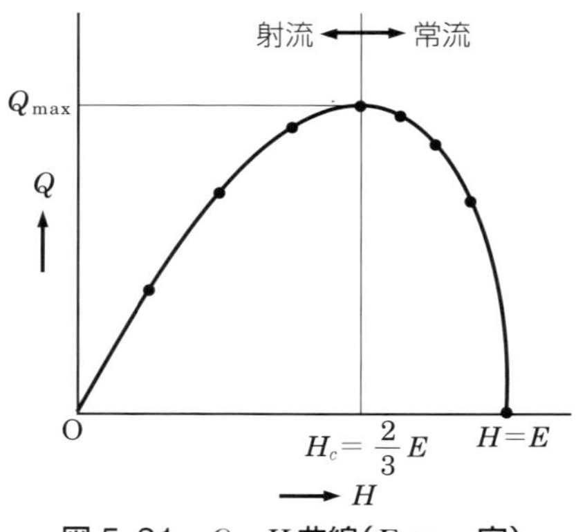

図 5-21　Q—H 曲線(E ＝ 一定)

この式から，E を一定として，Q と H の関係をグラフで示すと，図 5-21 のようになる。このグラフにおいて，Q が最大になるときの H を求めると，次のようになる。

$$\boldsymbol{H=\frac{2}{3}E} \qquad (5\text{-}14)$$ [❶]

❶この式は，式(5-13)において，

$E=$一定，$\dfrac{dQ}{dH}=0$

として求められる。

すなわち，

$$\frac{dQ}{dH}=\sqrt{2gB^2(E-H)}$$
$$-H\frac{gB^2}{\sqrt{2gB^2(E-H)}}$$
$$=0$$
$$2gB^2(E-H)-gB^2H$$
$$=0$$

ゆえに，$H=\dfrac{2}{3}E$

したがって，$E=\dfrac{3}{2}H$ を式(5-10)に代入すれば，

$$H=\sqrt[3]{\frac{Q^2}{gB^2}}$$

となる。これは，式(5-11)の限界水深 H_c と一致する。

以上をまとめると，次のようになる。

① 流量が一定のとき，比エネルギーが最小になる水深を限界水深という(**ベスの定理**)。

② 比エネルギーが一定のとき，流量が最大となる水深を限界水深という(**ベランジェの定理**)。

③ 長方形断面水路において，与えられた流量に対する限界水深は，式(5-11)から計算する。

④ 長方形断面水路で，水深がそのときの比エネルギーの $\dfrac{2}{3}$ になっている場合，その水深は限界水深である。

2 常流・射流・限界流

開水路のある断面で，水深が限界水深に等しいとき，流れは限界状態であるという。通常の流れは，ある特定の断面において限界状態になることはあるが，その他の断面では限界状態になっていない。すなわち，水深が限界水深より大きな流れであるか，小さな流れであるか，そのどちらかである。どちらにしても，比エネルギーは，そのときの流量に対する最小比エネルギーより大きい。

図 5-20 において，任意の比エネルギー $E(E > E_{min})$ を表す破線は，曲線と 2 か所で交わり，これに対応して二つの水深が得られる。これは，与えられた Q を同じ E で流すのに，二つの流れの状態がありうることを示している。

① $H > H_c$ の範囲の流れを**常流**[1]

② $H < H_c$ の範囲の流れを**射流**[2]

という。ふつうの流れは，常流か射流のどちらかである。

流れが等流の場合を考えよう。与えられた Q を流すのに必要な等流水深は，平均流速公式を用いて求められるが，これは水路床の勾配によって決まってくる。水深が限界水深に一致するような等流を**限界流**[3]といい，限界流が生じるような水路床の勾配を**限界勾配**[4] I_c という。

長方形断面水路の限界勾配 I_c を求めてみる。まず，シェジーの式[5](3-14)から，限界流速 v_c は，次のようになる。

$$v_c = C\sqrt{RI_c}$$

長方形断面では，$v_c = \dfrac{Q}{BH_c}$，$R = \dfrac{BH_c}{S}$ であるから，

$$\frac{Q}{BH_c} = C\sqrt{\frac{BH_c}{S}I_c}$$

ゆえに，$H_c^3 = \dfrac{Q^2S}{C^2B^3I_c}$

また，式(5-11)から $H_c^3 = \dfrac{Q^2}{gB^2}$ である。この 2 式から，

$$\boldsymbol{I_c = \frac{gS}{C^2B}} \qquad (5\text{-}15)$$

S：限界状態における潤辺

[1] subcritical flow；p. 45 参照。

[2] supercritical flow；p. 45 参照。

[3] critical flow

[4] critical slope

[5] p. 54 参照。

$I < I_c$ の水路に生じる等流は常流であり，$I > I_c$ の水路に生じる等流は射流である。

常流と射流では，その性質がまったく異なっている。すなわち，図 5-20 からもわかるように，常流($H > H_c$)では，H の増加とともに E も増加するが，射流($H < H_c$)では，H が増加すれば E は減少する。また常流では，比エネルギーの変化のほとんどが水深の変化になるが，射流では，流速の変化になる。このような常流と射流の性質の違いは，水路側壁の余裕高や側面の**ライニング**[1]などの設計において注意しなければならない。

[1] lining：
裏打ち，内張りのこと。壁面の性質や仕上げの状況によって流れの性質が変化する。

3 フルード数

流れのある開水路では，ある位置で水面に変化を与えると，その変化は波として伝わる。この波の速度はその水深を H とすると，$\sqrt{gH}$ で表される。ここで，開水路の速度を v とすると，流速 v が波速 $\sqrt{gH}$ より小さなときは，水面の変化は上流・下流に及ぶ(この流れを常流という)が，v が $\sqrt{gH}$ より大きなときは，水面変化は上流には伝わらない(この流れを射流という)。このような流れの性質は，v と $\sqrt{gH}$ を用いて次式で表される。

$$\boldsymbol{F = \frac{v}{\sqrt{gH}}} \tag{5-16}$$

一般に，この F を**フルード数**[2]という。フルード数は，流速 v と波速 $\sqrt{gH}$ の比で，この比から常流と射流の判別を行うことができる。

[2] Froude number

また，フルード数は，水理学上重要な定数の一つである。限界流におけるフルード数 F_c は，式(5-16)で $v = v_c$，$H = H_c$ であり，式(5-12)から次のようになる。

$$F_c = \frac{v_c}{\sqrt{gH_c}} = 1$$

常流では，図 5-20 からわかるように，$H > H_c$，$v < v_c$ であるから，F_c の場合と比較すれば，次式のように表される。

$$F = \frac{v}{\sqrt{gH}} < 1$$

また，射流では，$H < H_c$，$v > v_c$ であるから，

$$F = \frac{v}{\sqrt{gH}} > 1$$

となる。

常流と射流は，すでに学んだように，水深を基準として判断されるが，流速やフルード数を基準として判別することもできる。

すなわち，

① $H > H_c$，$v < v_c$，$F < 1$，$I < I_c$……常流

② $H < H_c$，$v > v_c$，$F > 1$，$I > I_c$……射流

③ $H = H_c$，$v = v_c$，$F = 1$，$I = I_c$……限界流

4 流れの遷移

いま，断面計や水路床の勾配が一様で，流量が一定の水路がある。流れは等流であり，水路床の勾配によって，常流か射流かのどちらかである。いま，他の用水路へ取水するために，この水路の途中に堰を設けたとする。水はせき止められて水面が上昇し，やがて越流する。このとき，開水路の流れが常流であるか射流であるかによって，堰の上流側の水位の変化，すなわち水面形が異なってくる。

常流の場合には，堰上げによる水面上昇の影響が相当上流まで伝わるから，図 5-22(a)に示すように，水深が上流に向かって漸減し，しだいに等流水深に近づくような不等流となる。このときの水面形を**堰上げ背水曲線**という。

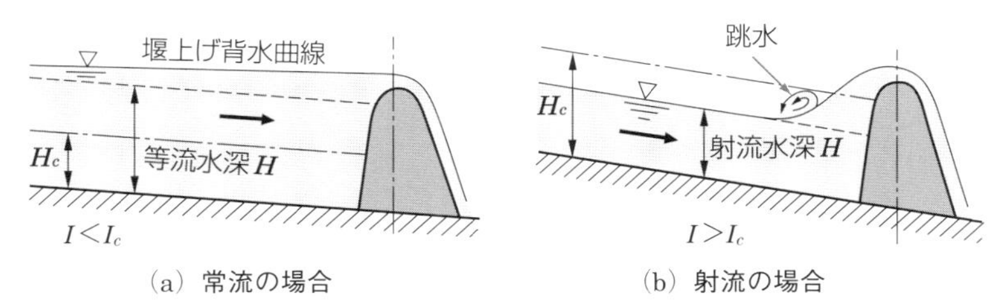

(a) 常流の場合　(b) 射流の場合

図 5-22　堰上流側の流れの変化

射流の場合には，水面上昇の影響が上流に伝わらないから，図(b)のように短い区間だけ上昇する。上昇部分は常流であって，射流から常流に移る部分ははげしい渦をともない，水面変化は不連続になる。❶

❶この現象を**跳水**という。p. 45 参照。

どちらの場合も，堰頂部を越える流れは，堰の最高点付近で限界水深となって，常流から射流に変わる。

越流後の流れは，堰下流面が急勾配であるから，図 5-23 のように，射流となる。この射流は，堰を流下したところで常流水深と出あい，跳水を起こして常流に戻る。 5

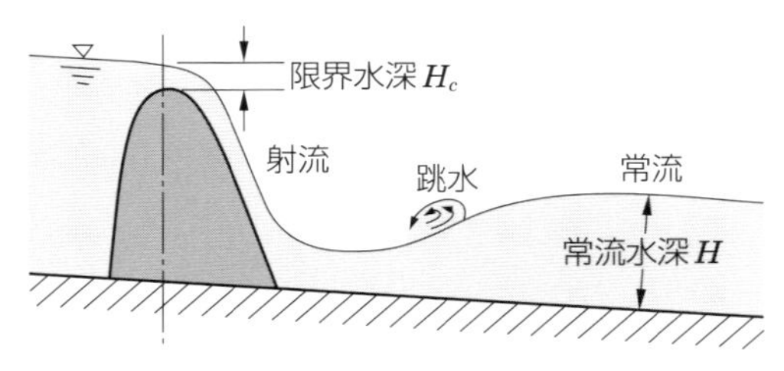

図 5-23　堰を越流した流れ

図 5-24 は，水路の断面は変わらないが，水路床の勾配が断面 B で緩勾配から急勾配に変わる場合を示す。断面 B より上流の等流水深は大きく($H_{01} > H_c$)，下流側の等流水深は小さい($H_{02} < H_c$)から，ここで水面が低下することになる。上流側は常流であるから，水面低下の影響は，図のように徐々に上流に波及する。このような水面形を**低下背水曲線**という。断面 B で限界水深 H_c となり，断面 B の下流でも連続的に射流の等流水深 H_{02} に移っていく。 10

このように，開水路の流れは，途中に設けられた構造物による断面の変化や水路床の勾配の変化などによって，流れの方向に水深が変わる不等流となる。また，常流・射流あるいは限界流の組合せによって，不等流の水面形は，上にあげた例のほか，多様な曲線が現れる。一般に，流れが常流から射流に移るときには，途中に限界水深を生じる断面が存在し，この断面を**支配断面**❶という。また，射流から常流へ移るときには，跳水が起こる。 15

❶control section

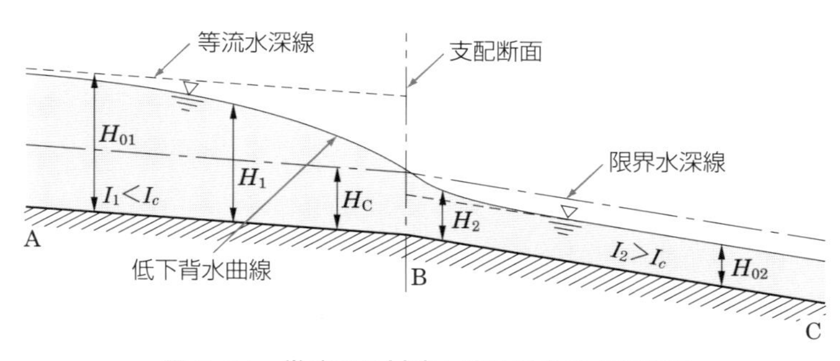

図 5-24　常流から射流へ移る場合の水面曲線

幅 3 m の長方形断面水路に $Q = 10\ \mathrm{m^3/s}$ が流れている。このときの比エネルギー曲線を描き，限界水深を求めよ。

解答

$Q = 10\ \mathrm{m^3/s}$，$g = 9.8\ \mathrm{m/s^2}$ を式(5-10)に代入すると，

$$E = \frac{Q^2}{2gB^2} \cdot \frac{1}{H^2} + H = \frac{10^2}{2 \times 9.8 \times 3^2} \times \frac{1}{H^2} + H$$

$$= \frac{0.57}{H^2} + H$$

上式から，比エネルギー曲線を描くと，図 5-25 のようになる。図から E が最小となる限界水深 H_c を求める。

$H_c = \mathbf{1.0\ m}$

H [m]	E [m]
0.2	14.45
0.4	3.96
0.6	2.18
0.8	1.69
1.0	1.57
1.2	1.60
1.4	1.69
1.6	1.82
1.8	1.98
2.0	2.14

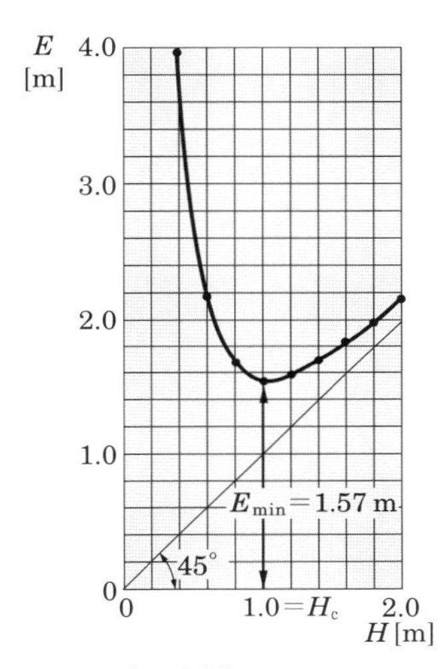

図 5-25　Q = 一定の場合

例題 9 において，水深 70 cm で水が流れているとき，常流か射流かを調べ，そのときの比エネルギーを求めよ。

(1)　**限界水深による判別**

例題 9 から，$H_c = 1.0\ \mathrm{m}$ であるが，これを式(5-11)から求めると，

$$H_c = \sqrt[3]{\frac{Q^2}{gB^2}} = \sqrt[3]{\frac{10^2}{9.8 \times 3^2}} = \sqrt[3]{1.13} = 1.04\ \mathrm{m}$$

$H < H_c$ であるから射流である。

(2)　**限界流速による判別**

$$v = \frac{Q}{A} = \frac{Q}{BH} = \frac{10}{3 \times 0.7} = 4.76\ \mathrm{m/s}$$

式(5-12)から，$v_c = \sqrt{gH_c} = \sqrt{9.8 \times 1.04} = 3.19\ \mathrm{m/s}$

$v > v_c$ であるから射流である。

(3)　**フルード数による判別**

水深 70 cm のときのフルード数 F は，式(5-16)から，

$$F = \frac{v}{\sqrt{gH}} = \frac{4.76}{\sqrt{9.8 \times 0.7}} = \frac{4.76}{2.62} = 1.82$$

$F > 1$ であるから射流である。

なお，水深 70 cm における比エネルギー E は，式(5-9)から，

$$E = \frac{v^2}{2g} + H = \frac{4.76^2}{2 \times 9.8} + 0.7 = 1.16 + 0.7 = 1.86\ \mathrm{m}$$

$Q = 10\ \mathrm{m^3/s}$ に対する最小比エネルギー $E_{\min}$ は，

$$E_{\min} = \frac{3}{2} H_c = \frac{3}{2} \times 1.04 = \mathbf{1.56\ m}$$

幅 50 cm の長方形断面水路に，等流で 0.1 m³/s の流量を流したい。常流であるためには，水路床の勾配をどのようにすればよいか。

ただし，水路の粗度係数は 0.012 とする。

解答

限界水深を式(5-11)から求めると，

$$H_c = \sqrt[3]{\frac{Q^2}{gB^2}} = \sqrt[3]{\frac{0.1^2}{9.8 \times 0.5^2}} = \sqrt[3]{0.00408} = 0.16\ \mathrm{m}$$

ゆえに，$S_c = B + 2H_c = 0.5 + 2 \times 0.16 = 0.82\ \mathrm{m}$

$$R = \frac{A}{S} = \frac{BH_c}{B + 2H_c} = \frac{0.5 \times 0.16}{0.82} = 0.098\ \mathrm{m}$$

限界勾配 I_c は，式(5-15)より，

$$I_c = \frac{gS}{C^2B}$$

ここで，式(3-19)の $C = \frac{1}{n} R^{\frac{1}{6}}$ を用いると，

$$C^2 = \left(\frac{1}{n}\right)^2 R^{\frac{1}{3}} = \left(\frac{1}{0.012}\right)^2 \times 0.098^{\frac{1}{3}}$$

$$= 6944.44 \times 0.46 = 3194.44$$

これらの値を用いて，限界勾配 I_c を求める。

$$I_c = \frac{gS}{C^2B} = \frac{9.8 \times 0.82}{3194.44 \times 0.5} = 0.005 = \frac{1}{200}$$

したがって，**水路床の勾配を $\frac{1}{200}$ より緩やかにすれば，常流が得られる。**

4 開水路の損失水頭

管水路の場合と同じように，図 5-26 のような開水路においても，摩擦による損失水頭をはじめ，流入による損失水頭，断面の変化による損失水頭，水路中の構造物による損失水頭などが生じる。摩擦以外の損失水頭が生じるところでは，水位が急変する。水位の変化量は，損失水頭すなわちエネルギー線の低下量に，断面変化による上流と下流の速度水頭差を加算したものになる。

開水路では，局部的な水位変化の影響が上流や下流に伝わることが多いから，厳密には，上流・下流を不等流と考えなければならないが，近似的に，管水路の動水勾配線の計算と同じ方法をとって，局所的な損失水頭を求めることが多い。

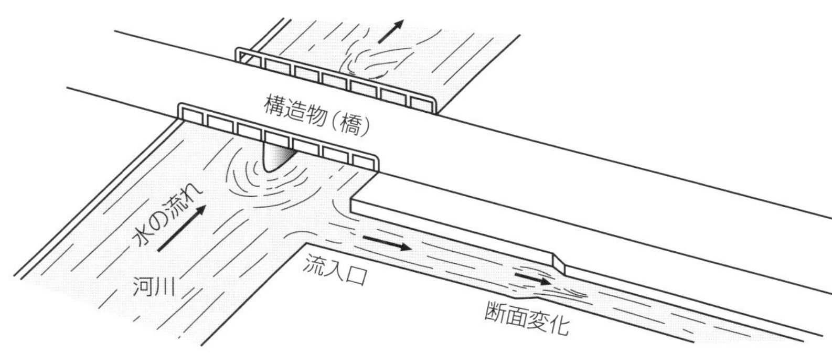

図 5-26

1 摩擦による損失水頭

図 5-27 に示す摩擦損失水頭は，等流の損失水頭であるから，式(3-12)によって計算され[1]，それは水面の低下量に等しい。

[1] p. 54 参照。

$$h_f = f'\frac{l}{R}\cdot\frac{v^2}{2g} \text{ または，} h_f = Il$$

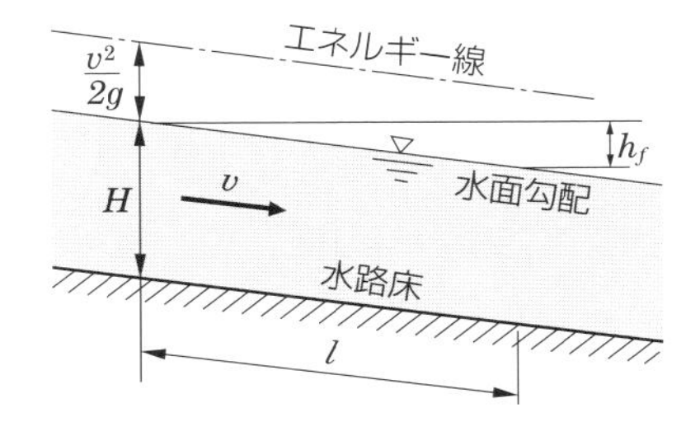

図 5-27　摩擦損失水頭

摩擦損失係数はマニングの式[1]を使用すると，

[1] p. 56，式(3-20)参照。

$$f' = \frac{2gn^2}{R^{\frac{1}{3}}} \qquad (5\text{-}17)$$

よって，摩擦損失水頭 h_f は次のように表される。

$$h_f = \frac{n^2v^2}{R^{\frac{4}{3}}}l \qquad (5\text{-}18)$$

図 5-28 のような水路において，$Q = 20\ \mathrm{m^3/s}$ を水深 2 m で流すとき，水路長 $l = 1000$ m における摩擦損失水頭はいくらか。

ただし，粗度係数は 0.013 とする。

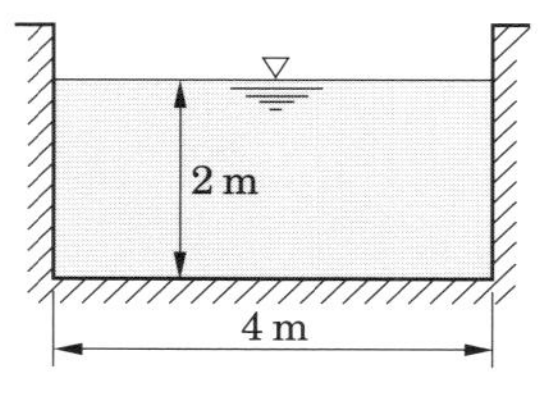

図 5-28

解答

$$v = \frac{Q}{A} = \frac{20}{2 \times 4} = 2.5\ \mathrm{m/s}$$

$$R = \frac{A}{S} = \frac{2 \times 4}{2 + 4 + 2} = 1\ \mathrm{m}$$

式(5-18)から，図 5-29 の水路のように，

$$h_f = \frac{n^2 v^2}{R^{\frac{4}{3}}} l = \frac{0.013^2 \times 2.5^2}{1^{\frac{4}{3}}} \times 1000 = \mathbf{1.056\ m}$$

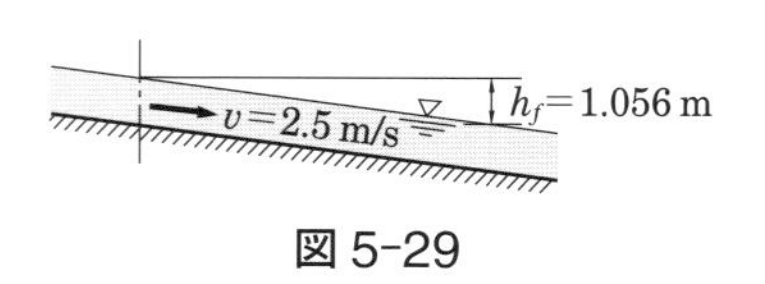

図 5-29

2 流入による損失水頭および水位変化量

図 5-30 のような，貯水池などの広い水面から，開水路に水が流入する場合の**流入損失水頭**および**水位変化量**は，次のようになる。

流入損失水頭

$$h_e = f_e \frac{v_2^2}{2g} \qquad (5\text{-}19)$$

流入による水位変化量

$$\Delta h_e = f_e \frac{v_2^2}{2g} + \left(\frac{v_2^2}{2g} - \frac{v_1^2}{2g}\right) \qquad (5\text{-}20)$$

f_e：流入損失係数，v_1：流入前の平均流速，v_2：流入後の平均流速

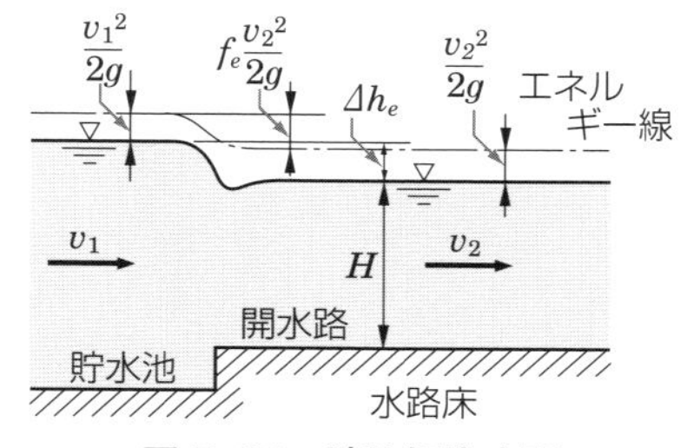

図 5-30　流入損失水頭

流入損失係数については，管水路の場合の値[1]を準用することができる。

❶p. 81 参照。

例題 13 貯水池から図 5-31 のような入口の形状をもつ取水路で取水する場合，取水路の流速を 2 m/s とするとき，流入損失水頭および水面低下量を求めよ。

ただし，入口の流入損失係数を 0.2 とする。

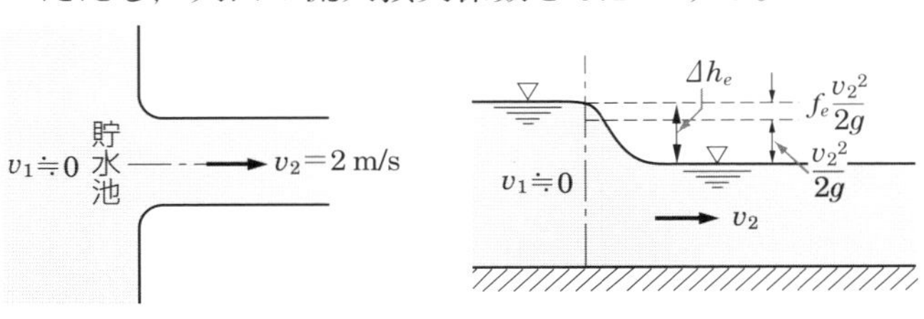

図 5-31

流入損失水頭 h_e は，次のようになる。

$$h_e = f_e \frac{v_2^2}{2g} = 0.2 \times \frac{2^2}{2 \times 9.8} = 0.041 \text{ m}$$

流入による水位変化量 $\varDelta h_e$ は，次のようになる。

$$\varDelta h_e = f_e \frac{v_2^2}{2g} + \left(\frac{v_2^2}{2g} - \frac{v_1^2}{2g}\right)$$

$v_1 = 0$ と考えると，$\varDelta h_e$ は，次のようになる。

$$\varDelta h_e = f_e \frac{v_2^2}{2g} + \frac{v_2^2}{2g} = 0.041 + \frac{2^2}{2 \times 9.8}$$

$$= 0.041 + 0.204 = \mathbf{0.245 \text{ m}}$$

3 断面変化による損失水頭および水位変化量

開水路において，水路幅の変化(急拡・(急縮：図 5-32)・漸拡(ぜんかく)・漸縮(ぜんしゅく))や水路床の変化(段落ち：図 5-33)による損失水頭および水位変化量を求めると，次のようになる。

$$\left.\begin{array}{ll} \textbf{損失水頭} & \boldsymbol{h_b = f_b \dfrac{v_2^2}{2g}} \\ \textbf{水位変化量} & \boldsymbol{\varDelta h_b = f_e \dfrac{v_2^2}{2g} + \left(\dfrac{v_2^2}{2g} - \dfrac{v_1^2}{2g}\right)} \end{array}\right\} \quad (5\text{-}21)$$

f_b は損失係数で，管水路における場合の値を準用している。

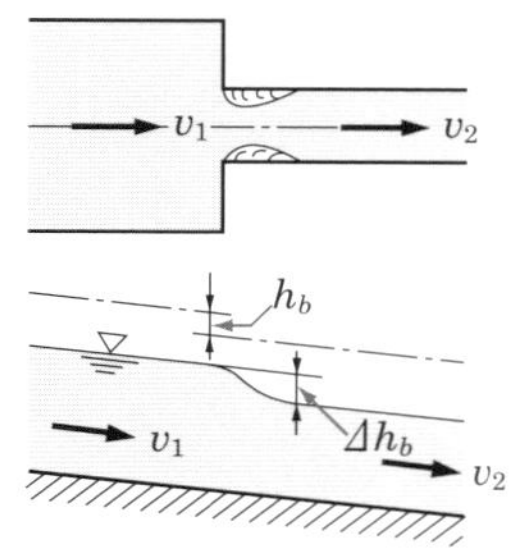

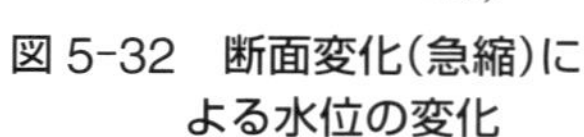

図 5-32　断面変化(急縮)による水位の変化

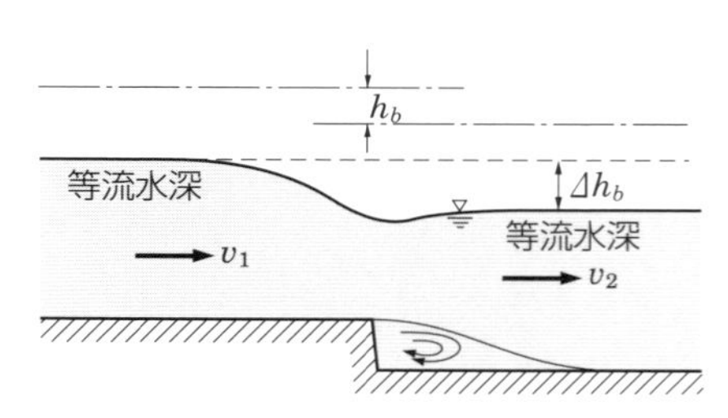

図 5-33　断面変化(段落ち)による水位の変化

4　スクリーンによる損失水頭および水位変化量

図 5-34 のように，水路の途中に設けられたスクリーン(ちりよけ)などの構造物による損失水頭および水位変化量を求めると，次のようになる。

$$
\left.
\begin{aligned}
\boldsymbol{h_r} &= \boldsymbol{f_r}\,\frac{\boldsymbol{v_1}^2}{2\boldsymbol{g}} \\
\varDelta\boldsymbol{h_r} &= \boldsymbol{f_r}\,\frac{\boldsymbol{v_1}^2}{2\boldsymbol{g}} + \left(\frac{\boldsymbol{v_2}^2}{2\boldsymbol{g}} - \frac{\boldsymbol{v_1}^2}{2\boldsymbol{g}}\right) \\
\boldsymbol{f_r} &= \beta \sin\theta \left(\frac{\boldsymbol{t}}{\boldsymbol{b}}\right)^{\frac{4}{3}}
\end{aligned}
\right\} \qquad (5\text{-}22)
$$

h_r：スクリーンによる損失水頭 [m]，
$\varDelta h_r$：スクリーンによる水位変化量 [m]，
f_r：スクリーンによる損失係数，
β：スクリーンの断面形状による係数，
θ：スクリーンの傾斜角度，
t：スクリーンのバーの幅，
b：スクリーンの目の大きさ(純間隔)，
v_1，v_2：スクリーン上流側・下流側の平均流速

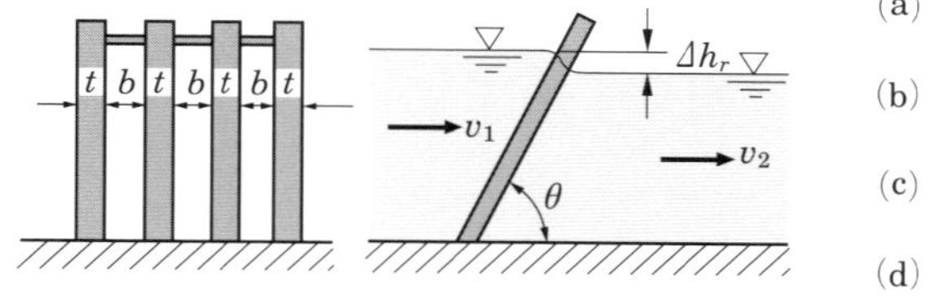

(a)　$\beta = 1.60$
(b)　$\beta = 1.77$
(c)　$\beta = 2.34$
(d)　$\beta = 1.73$

図 5-34　スクリーンによる流れの状態変化と係数

ふつう，スクリーンによる水位の変化量は小さいから，スクリーン上流側および下流側の流速は等しいとみなしてよい。したがって，

$\varDelta h_r = f_r \dfrac{v_1{}^2}{2g}$ と考えてもよい。

上式は，スクリーンにごみがまったく付着していない場合のものであるから，実際には計算値の3倍程度に割増しして使用する。

例題 14 図5-35のように，貯水池から $Q = 30\ \mathrm{m^3/s}$ の水を取り入れて導水路に導いている。取入口Aと導水路の点Bの水位差を求めよ。ただし，流入損失係数 $f_e = 0.2$ とし，スクリーンは，幅8 mmの平鋼板を中心間隔40 mmに配置し，傾斜角 $\theta = 70°$ とする。また，取入部の水深は2 mとし，導水路は幅5 m，等流水深2.56 m，粗度係数 $n = 0.015$，河床勾配1/1000とする。

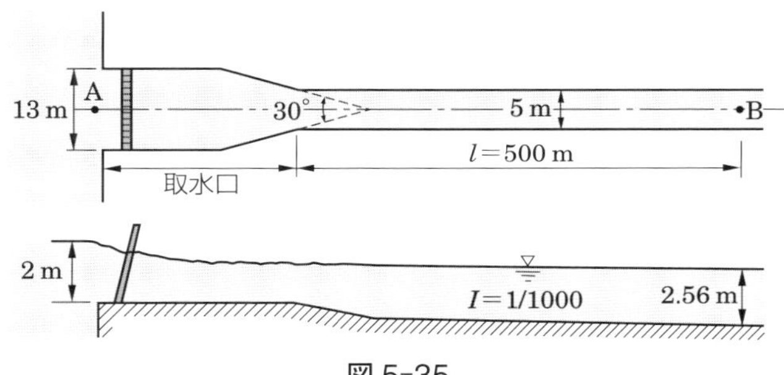

図5-35

解答

(1)　**流入による水位変化量**

流入前の流速は無視できるものとする。

流入後の流速

$$v = \frac{30}{2 \times 13} = 1.15\ \mathrm{m/s}$$

$$\varDelta h_e = (1 + f_e)\frac{v^2}{2g} = (1 + 0.2) \times \frac{1.15^2}{2 \times 9.8} = \mathbf{0.081\ m}$$

(2)　**スクリーンによる水位変化量**

スクリーン前面の流速

$$v = \frac{30}{13 \times (2 - 0.081)} = 1.20\ \mathrm{m/s}$$

$t = 8\ \mathrm{mm}$，$b = 40 - 8 = 32\ \mathrm{mm}$，$\dfrac{t}{b} = \dfrac{8}{32} = 0.25$，$\theta = 70°$，

$\beta = 2.34$ より，

$$f_r = \beta \sin\theta \left(\frac{t}{b}\right)^{\frac{4}{3}} = 2.34 \sin 70° \times 0.25^{\frac{4}{3}}$$

$$= 2.34 \times 0.94 \times 0.157 = 0.345$$

$$\varDelta h_r \fallingdotseq f_r \frac{v^2}{2g} = 0.345 \times \frac{1.20^2}{2 \times 9.8} = \mathbf{0.025\ m}$$

(3)　**漸縮による水位変化量**(図 5-36)

前面の流速

$$v_1 = \frac{30}{13 \times \{2 - (0.081 + 0.025)\}} = \frac{30}{13 \times 1.894} = 1.22 \text{ m/s}$$

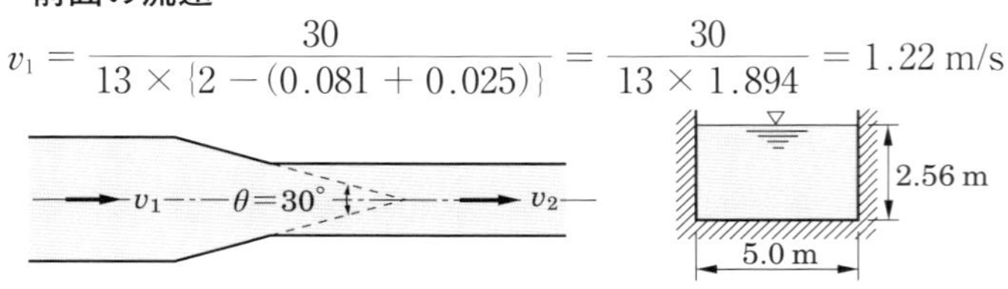

図 5-36

導水路の流速

$Q = 30 \text{ m}^3/\text{s}$,　$n = 0.015$,　$I = 1/1000$,　$H = 2.56 \text{ m}$

$$A = 5 \times 2.56 = 12.80 \text{ m}^2$$

$$S = 5 + 2 \times 2.56 = 10.12 \text{ m}$$

$$R = \frac{A}{S} = \frac{12.80}{10.12} = 1.26 \text{ m}$$

$$v_2 = \frac{1}{n} R^{\frac{2}{3}} I^{\frac{1}{2}} = \frac{1}{0.015} \times 1.26^{\frac{2}{3}} \times \left(\frac{1}{1000}\right)^{\frac{1}{2}}$$

$$= 66.67 \times 1.17 \times 0.03 = 2.34 \text{ m/s}$$

$A_1 = 13 \times 1.894 = 24.62 \text{ m}^2$,　$A_2 = 5 \times 2.56 = 12.80 \text{ m}^2$

$$\frac{A_2}{A_1} = \frac{12.80}{24.62} = 0.52$$

漸縮による損失係数は，管水路の場合の値を適用すると，図 4-14(p. 86)から，$\theta = 30°$ のとき，$f_{gc} = 0.018$ となる。

水位変化量$\varDelta h_{gc}$ は，

$$\varDelta h_{gc} = f_{gc} \frac{{v_2}^2}{2g} + \left(\frac{{v_2}^2}{2g} - \frac{{v_1}^2}{2g}\right)$$

$$= 0.018 \times \frac{2.34^2}{2 \times 9.8} + \left(\frac{2.34^2}{2 \times 9.8} - \frac{1.22^2}{2 \times 9.8}\right)$$

$$= 0.005 + 0.203 = 0.208 \text{ m}$$

取入口から導水路流入直後までの水位変化量$\varDelta h$ は，

$$\varDelta h = \varDelta h_e + \varDelta h_r + \varDelta h_{gc}$$

$$= 0.081 + 0.025 + 0.208 = \mathbf{0.314 \text{ m}}$$

(4)　**導水路入口から点 B までの摩擦による水位変化量**

$$l = 500 \text{ m},\ \varDelta h_f = Il = \frac{1}{1000} \times 500 = 0.50 \text{ m}$$

したがって，点 A から点 B までの水位変化量は，

$$\varDelta h + \varDelta h_f = 0.314 + 0.5 = \mathbf{0.814 \text{ m}}$$

問4 　水深 2 m，幅 4 m，流量 16 m³/s の水路に，幅 10 mm の平鋼板を中心間隔 40 mm で配置したスクリーンを傾斜角 80° で設けた。スクリーンによる水位変化量を求めよ。ただし，$\beta = 2.34$ とする。

5　橋脚による損失水頭および水位変化量

図 5-37 のように開水路中に橋脚などを設けると，流れは橋脚部で縮小し，常流の場合は上流側にせき上げられる。ドオ・ビュイッソン（d' Aubuisson）は，水位変化量 $\varDelta h_p$ について次の式を与えている。

$$\boldsymbol{\varDelta h_p = \frac{Q^2}{2g}\left\{\frac{1}{C^2 B_2{}^2 (H_1 - \varDelta h_p)^2} - \frac{1}{B_1{}^2 H_1{}^2}\right\}} \qquad (5\text{-}23)$$

Q：流量［m³/s］，B_1：橋脚直前の水路幅［m］，
B_2：水路幅から全橋脚幅を差し引いた幅 $= B_1 - \Sigma t$［m］
　（t：橋脚 1 基の幅［m］），
H_1：橋脚上流側の水深［m］，
C：橋脚の断面形状（図 5-38）による係数

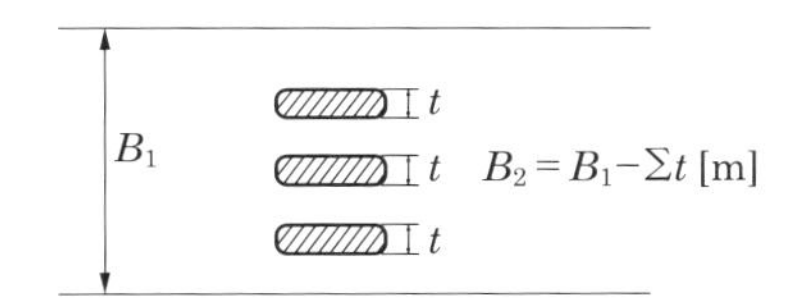

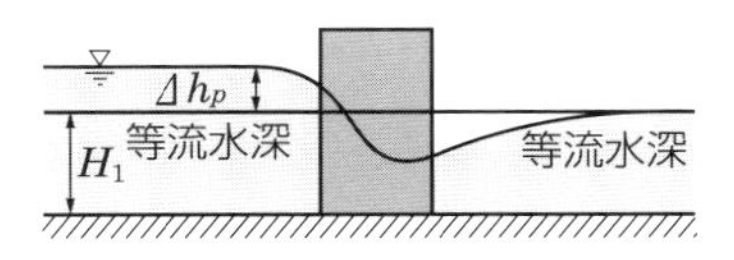

図 5-37　橋脚による水位の変化

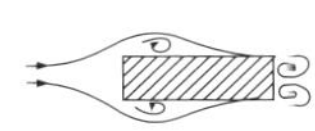

図 5-38　橋脚の形状と流れの状態

この式は右辺にも $\varDelta h_p$ を含むから試算法によって計算する。それにはまず，右辺の $\varDelta h_p \fallingdotseq 0$ と仮定し，

$$\varDelta h_p = \frac{Q^2}{2g}\left(\frac{1}{C^2 B_2{}^2 H_1{}^2} - \frac{1}{B_1{}^2 H_1{}^2}\right) = \frac{v_1{}^2}{2g}\left\{\frac{1}{C^2}\left(\frac{B_1}{B_2}\right)^2 - 1\right\}$$

として $\varDelta h_p$ の第 1 近似値を求め，次に，これを右辺に代入して第 2 近似値を求める。

以下同じような計算を繰り返して正しい値を求めればよい。

例題15

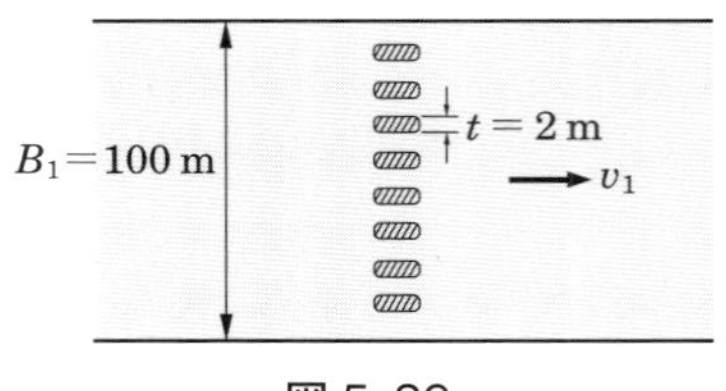

図 5-39

図 5-39 のような幅 100 m の河川に幅 2 m の橋脚を 8 基設けたとき，橋脚による水位の変化量を求めよ。

ただし，流量 $Q = 1\,500$ m³/s，水深 $H_1 = 6.0$ m，橋脚の形状係数 $C = 0.92$ とする。

解答

水路幅から橋脚幅を差し引いた幅 B_2 は，

$$B_2 = 100 - 2 \times 8 = 84 \text{ m}$$

$\varDelta h_p$ の第 1 近似値を求める。

$$v_1 = \frac{1\,500}{6 \times 100} = 2.50 \text{ m/s}$$

$$\varDelta h_p \fallingdotseq \frac{Q^2}{2g}\left\{\frac{1}{C^2 B_2{}^2 H_1{}^2} - \frac{1}{B_1{}^2 H_1{}^2}\right\} = \frac{v_1{}^2}{2g}\left\{\frac{1}{C^2}\left(\frac{B_1}{B_2}\right)^2 - 1\right\}$$

$$= \frac{2.50^2}{2 \times 9.8}\left\{\frac{1}{0.92^2} \times \left(\frac{100}{84}\right)^2 - 1\right\} = 0.215 \text{ m}$$

この値を式(5-23)に代入して

$$\varDelta h_p = \frac{1\,500^2}{2 \times 9.8}\left\{\frac{1}{0.92^2 \times 84^2 \times (6 - 0.215)^2} - \frac{1}{100^2 \times 6^2}\right\}$$

$$= 0.255 \text{ m}$$

この値を式の右辺に代入して計算を繰り返し，$\varDelta h_p = 0.266$ m となったとき

$$\varDelta h_p = \frac{1\,500^2}{2 \times 9.8}\left\{\frac{1}{0.92^2 \times 84^2 \times (6 - 0.266)^2} - \frac{1}{100^2 \times 6^2}\right\}$$

$$= 0.266 \text{ m}$$

したがって，**水位変化量は 0.266 m** である。

問 5 図 5-40 のように，幅 60 m の河川に幅 1.8 m の橋脚を 4 基設けたとき，橋脚による水位の変化量を求めよ。

ただし，流量 $Q = 580$ m³/s，水深 $H_1 = 4.0$ m，橋脚の形状係数 $C = 0.92$ とする。

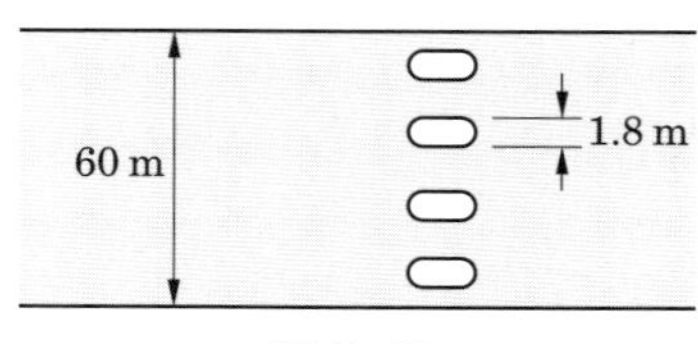

図 5-40

ビオトープによる河川環境の整備と保全

一般に，開水路が多い河川では，河岸部分の整備や保全としてビオトープを設けることがある。

ビオトープ(biotope)とは，ドイツで生まれた概念で，生物を意味する「ビオ」と場所を示す「トープ」の合成語であり，「動植物の生息場所」を意味する。たとえば，山間部に自然にできた川や湖沼などの近辺には，それぞれ固有の「ビオトープ」があるといえる。都市部でも，このビオトープを復元・整備することで，豊かな生物相を取り戻したり，生み出したりすることができる。

コンクリートなどの無機質な河岸を，多様な生物が生息できるようなビオトープにすることを近自然河川工法とよんでいる。環境の保護や人にやすらぎを与えるだけでなく，自然が本来もっている浄化能力なども期待されている。

図 5-41 は，植物で覆われた河岸がコンクリートにおおわれると，水生生物にどのような影響が出るかを調査したようすである。その結果，図 5-42，表 5-2 のように水際部の流れも速く単調で，日陰や隠れる場所もなくなり天敵から身を守れないため，多くの魚類や甲殻類はその区間から移動し，水生生物全体の生息量が少なくなった。

川や湖沼等の自然環境と人間の共生についての研究は，生態学や土木工学などの分野の境界領域であるため，その考え方や手法はじゅうぶんに確立されていないのが現状であるが，わが国では，自然環境の保全・復元のために研究が進められている。

(a) 自然河岸　　(b) コンクリート護岸

図 5-41

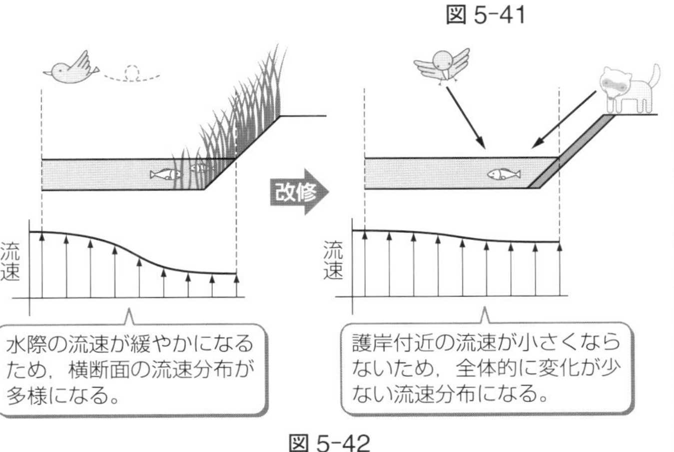

図 5-42

表 5-2

	自然河岸	コンクリート護岸
水際部の流速	緩やか	速い
横断面の流速分布	多様	単調
捕食者からの避難場	有	無
捕食される確率	低い	高い
日陰効果	有	無
法面から川への餌供給	多い	少ない

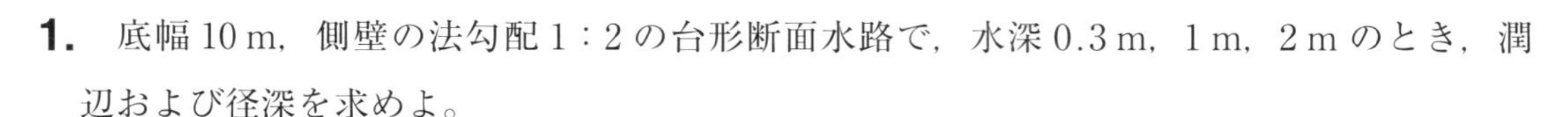

第5章 章末問題

1. 底幅10 m，側壁の法勾配1：2の台形断面水路で，水深0.3 m，1 m，2 mのとき，潤辺および径深を求めよ。

2. 直径2 mの円形断面水路で，水深が0.6 m，1.2 mのとき，潤辺および径深を求めよ。

3. 図5-43のような，底幅10 m，側壁の法勾配1：1.5，水深2 m，水面勾配1/1000の河川の流量を，マニングの式によって求めよ。ただし，粗度係数を$n = 0.03$とする。

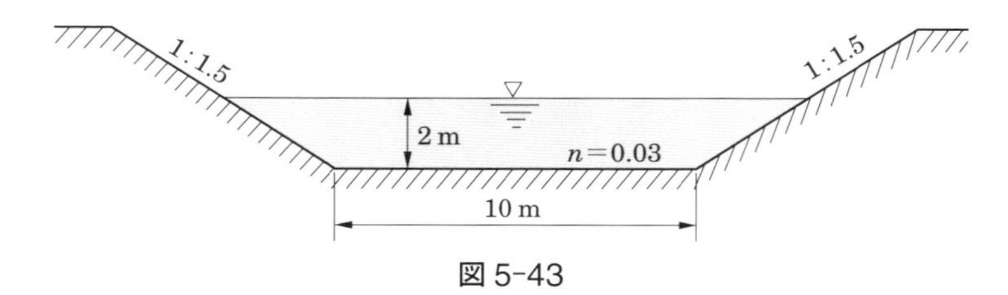

図5-43

4. 図5-44のような，幅5 m，水深2 mの長方形断面水路に15 m³/sの水が流れる場合，粗度係数nをマニングの式から求めよ。ただし，水面勾配を1/500とする。

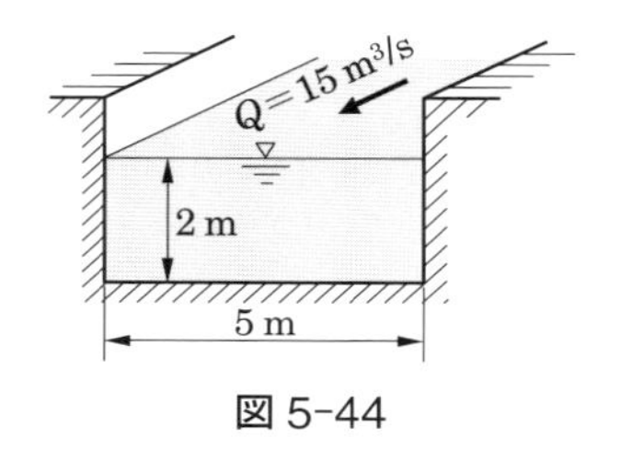

図5-44

5. 図5-45のような台形断面水路の流量を求めよ。水面勾配を1/1000とする。

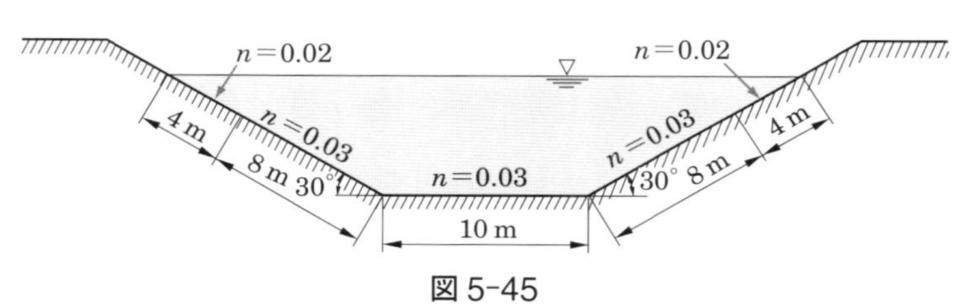

図5-45

6. 図5-46の幅20 mの長方形断面水路において，流量22 m³/sの水を水深0.6 mで流すとき，流れは常流か射流か。

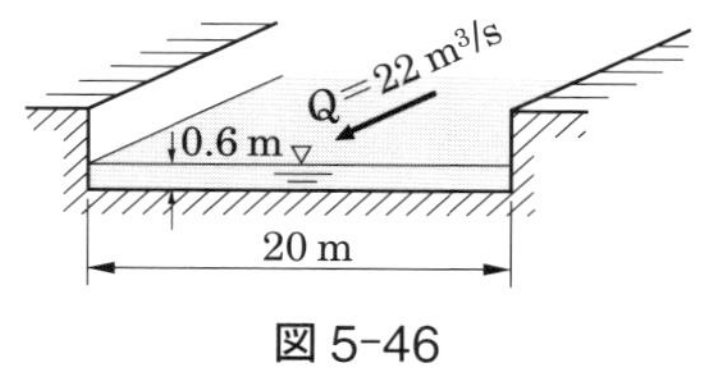

図5-46

7. 図5-47のような台形断面水路に，$Q = 30$ m³/sが流れている。このときの比エネルギー線を描き，限界水深を求めよ。また，水深1.5 mで水が流れているとき，常流か射流かを調べよ。

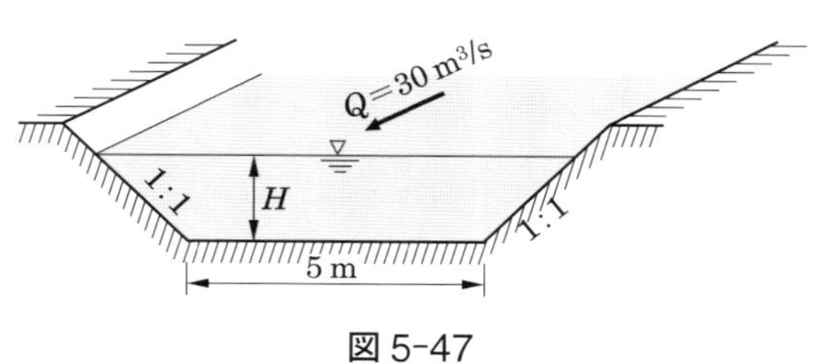

図5-47

問題解答

第1章　水の物理的性質　p. 7

◆章末問題（p. 12）

1.　ρ = 1200 kg/m³，w = 11.76 kN/m³，w' = 1.96 kN/m³

2.　g' = 10.8 m/s²　3.　h = − 2.25 mm

第2章　静水圧　p. 13

■問 1.　(p. 16)　p_1 = 39.2 kPa，p_2 = 306 kPa

■問 2.　(p. 20)　規定通り。

■問 3.　(p. 21)　油圧ジャッキ，水圧機，材料試験機など

■問 4.　(p. 22)　P = 3.85 kN，円形のふたの中心

■問 5.　(p. 24)　P = 49.39 kN（右向き），H_C' = 1.16 m

■問 6.　(p. 27)　P = 39.2 kN，H_C = 2.04 m

■問 7.　(p. 30)　P = 91.9 kN，水面から 3.79 m

■問 8.　(p. 37)　d = 0.35 m，101 kN（10.3 t）

■問 9.　(p. 37)　d = 0.62 m，a = 1.19 m 以上

◆章末問題（p. 38）

1.　(a)2.56 kPa，146 N，(b)161 N　2.　8.65 kN

3.　15.9 kN，水面から 1.03 m

4.　143 kN，水面から 3.42 m

5.　4.5 m　6.　(a)P = 70.6 kN，H_C = 2.36 m，x = 4.15 m，β = 29° 35′，(b)P = 314 kN，H_C = 6.42 m，x = 3.66 m，β = 33° 25′

第3章　水の流れ　p. 39

■問 1.　(p. 41)　S = 9.5 m，R = 0.789 m，Q = 18.8 m³/s

■問 2.　(p. 41)　S = 2.83 m，R = 0.449 m，v = 5.51 m/s

■問 3.　(p. 44)　Re = 43500（乱流になる）

■問 4.　(p. 49)　p_2 = 463 kPa

■問 5.　(p. 52)　h_l = 4.41 m

■問 6.　(p. 53)　h_l = 1.88 m，I = 0.0555，i = 0.0333，I_e = 0.0418

■問 7.　(p. 58)　Q = 0.184 m³/s

■問 8.　(p. 58)　（マニングの式）h_f = 2.54 m，（ヘーゼン-ウイリアムスの式）h_f = 1.44 m

■問 9.　(p. 60)　Q = 38.4 L/s

■問 10.　(p. 63)　Q = 6.22 L/s

■問 11.　(p. 64)　Q = 0.574 m³/s

■問 12.　(p. 65)　Q = 0.504 m³/s

■問 13.　(p. 68)　Q = 7.70 m³/s

■問 14.　(p. 71)　Q = 0.738 m³/s

■問 15.　(p. 72)　Q = 0.947 m³/s

■問 16.　(p. 73)　Q = 22.9 m³/s, H_2 = 0.313 m

■問 17.　(p. 75)　P = 576 N

◆章末問題（p. 77）

1.　水路断面 10.67 m²，A = 8.25 m²，v = 1.94 m/s　2.　v_2 = 0.60 m/s　3.　v_2 = 3.56 m/s，p_2 = 105 kPa　4.　41.2 kPa　5.　h_l = 1.10 m

6.　h_f = 6.40 m　7.　v = 0.809 m/s

8.　v = 0.522 m/s　9.　h_f = 8.14 m

10.　Q = 0.80 m³/s　11.　Q = 96.8 L/s

12.　Q = 439 cm³/s　13.　C = 0.62

14.　Q = 7.91 m³/s　15.　a = 0.48 m

16.　Q = 0.0388 m³/s

17.　P = 50.7 kN，θ = 22° 37′

第4章　管水路　p. 79

■問 1.　(p. 106)　分流，Q_1 = 0.185 m³/s，Q_2 = 0.069 m³/s，Q_3 = 0.116 m³/s

◆章末問題（p. 107）

1.　0.007 m　2.　1.26 m　3.　3.419 m　4.　0.19 m³/s　5.　0.072 m³/s　6.　5.98 m　7.　1.200 m

8.　（各欄は上から順に）A：49.917，49.752，B：49.903，49.740，49.738，49.575，C：49.726，49.563，49.561，49.398，E：48.627，47.716，48.462，47.551，F：47.622，47.457，47.457，47.457　9.　5985 kW

第5章　開水路　p. 109

■問 1.　(p, 116)　流積 A = 15.1 m²，潤辺 S = 14.3 m，径深 R = 1.06 m

■問 2.　(p. 121)　152.35 m³/s

■問 3. （p. 121）5.2 m

■問 4. （p. 137）0.11 m

■問 5. （p. 138）0.208 m

◆章末問題（p. 140）

1. 潤辺 11.34 m，14.47 m，18.94 m，径深 0.28 m，0.83 m，1.48 m　2. 潤辺 2.32 m，3.54 m，径深 0.34 m，0.56 m　3. 36.07 m^3/s　4. 0.032　5. 324.55 m^3/s　6. $H = 0.6$ m であるから，常流である。 7. 限界水深 1.4 m，$H = 1.5$ m $>$ $H_c = 1.4$ m となるため，常流である。

索引

■監修

京都大学名誉教授
岡二三生

京都大学教授
白土博通

京都大学教授
細田　尚

■編修

垣谷敦美
神谷政人
川窪秀樹
竹内一生
田中良典
中野　毅
西田秀行
橋本基宏
福山和夫
桝見　謙
森本浩行
山本竜哉
実教出版株式会社

表紙デザイン――エッジ・デザインオフィス
本文基本デザイン――田内　秀
写真提供・協力――国立研究開発法人土木研究所自然共生研究センター，奈良県水道局

First Stageシリーズ

水理学概論

2016年9月30日　初版第1刷発行
2025年4月20日　初版第4刷発行

●発行者　実教出版株式会社
代表者　小田良次
東京都千代田区五番町5

●印刷者　大日本法令印刷株式会社
代表者　田中達弥
長野市中御所3丁目6番地25号

●発行所　実教出版株式会社
〒102−8377 東京都千代田区五番町5
電話〈営　　業〉(03)3238−7765
〈企画開発〉(03)3238−7751
〈総　　務〉(03)3238−7700
https://www.jikkyo.co.jp/

ISBN978−4−407−33929−1　C3051